KB236021

STYLE NANDA

머리부터 발끝까지
스타일난다!

since 2004

하루에도 수백 개씩 인터넷 쇼핑몰이 생겨났다 사라진다. 성공하는 쇼핑몰과 그렇지 못한 쇼핑몰의 차이는 무엇일까? 이 책은 고루한 성공스토리를 담은 책이 아니다. '스타일난다'가 그동안 걸어온 길과, 그들이 고집한 '스타일'에 대한 모든 것이 담겨 있다!

NHN Business Platform 대표 최휘영

구체적이고 철저하며 유익한 책이다. 21세기를 주도해나가는 커다란 산업의 한 줄기인 패션·뷰티 업계에서 특히 인터넷 여성 쇼핑몰 산업의 한 획을 긋고 있는 '스타일난다'의 이번 책은 기대했던 것 이상으로 풍성하고 체계적이었다.

모델센터 인터내셔널 회장 도신우

한국 패션은 이제 세계무대에서도 뒤지지 않을 만큼 그 수준이 높아졌다. 이는 패션계 구석구석에서 보이지 않게 세계를 선도하려는 숨은 일꾼들의 노력이 있었기 때문이다. 한국을 넘어 중국, 미국, 일본까지 패션 뷰티 시장을 섭렵해나가고 있는 '스타일난다'의 열정에 박수를 보낸다.

한국모델협회 회장 양의식

《스타일난다》 속에는 리듬이 있다. 색깔이 있고, 소리가 있고, 향기가 있고, 느낌이 있다. 쉽게 흉내 낼 수 없지만 발을 담그는 순간 나만의 것이 되고, 내 몸과 내 얼굴에 슈트블한 것으로 변화된다. 그것은 《스타일난다》의 힘이다. 아름다워지고 싶은 여자의 본성을 가장 잘 이해하고, 그것을 충족시키는 방법을 안다는 것, 그것이 성공의 비결이다!

디자이너, GENERAL IDEA 대표 최범석

쇼핑몰 산업이 시작되었을 때 그 누구도 감히 상상할 수 없었던 일들을 '스타일난다'는 이루어내고 있다. '스타일난다'의 무대는 한국이 아니다. 이제 전 세계에 일고 있는 대한민국 패션의 위력을 '스타일난다'가 제대로 보여주고 있다. 그 트렌디한 안목과, 끝없는 열정이 경이롭다.

코스맥스 회장 이경수

한 가지 일에 이토록 몰두할 수 있다는 것은 타고 나지 않으면 안 되는 일이다. 그것은 영감이며 열정이며 용기를 의미한다. 누구도 감히 따라 할 수 없는 그들만의 독특하고 아름다운 세계, 이제는 그 물에서 놀아볼 마음의 준비가 된 모든 이에게 이 책을 권한다. '최고'는 아무나 되는 것이 아니다. 일을 즐길 줄 아는 사람, 진실이 통한다는 것을 아는 사람만이 할 수 있는 것이다. 이제 그 최고의 세계에서 놀아보자!

패션인사이트 대표 황상윤

한국사회에서 이제 '스타일'이란 말은 삶의 한 부분을 아우르는 커다란 영역으로 자리 잡았다. 패션사업에 종사하는 사람들은 누구보다 여성의 마음을 읽고, 그들을 충족시킬 수 있는 비기를 갖고 있어야 한다. 그런 점에서 '스타일난다'는 강력하고, 유리한 툴들을 지니고 있다. 그 모든 것들이 이 책 속에 담겨 있다.

심플렉스인터넷(cafe24) 대표 이재석

21세기를 주도해나가는 커다란 산업, 패션. 그렇기에 인터넷 여성 쇼핑몰 산업의 한 획을 긋고 있는 '스타일난다'의 첫 책을 놓칠 수 없었다. 쇼핑몰 산업에 성공하고 싶은 사람이라면 우선 이 책을 집어라. 그리고 진정 여성들이 원하는 것이 무엇인지를 알기를 바란다. 개성과 창의성은 고객을 이해하는 마음 위에 입혀져야 제대로 된 멋으로 완성되는 것이다.

씨제이 오쇼핑 상무 도동희

이 책 속에는 그동안 '스타일난다'가 걸어온 모든 역사가 담겨 있다. '스타일난다'가 최고의 자리에 오르기까지의 눈물과 웃음이 고스란히 담겨 하나의 작품을 만들어냈다. 무엇보다 아름답고 질 좋은 옷, 당당하게 자신을 드러낼 수 있는 자신감을 고객에게 안겨주기 위해 노력한 흔적이 엿보여 가슴이 뭉클하다.

국내 최대 소셜커머스 쿠팡 본부장 김수현

제대로 된 스타일북 한 권을 고르라면 망설임 없이 이 책을 추천할 것이다. 치밀하면서도 이해하기 쉽도록 만들어진 구성과 눈을 뗄 수 없는 디자인 센스가 어우러져 최고의 작품을 만들어냈다.

빈치스벤치 대표 김선기

'이제 나를 좀 가꾸어볼까?'라고 다짐한 사람뿐 아니라 더욱 다양한 모습으로 변신을 시도하고 싶은 이들에게 꼭 맞는 교과서가 필요하다면 이 책을 적극 추천한다. 하나도 빼놓을 수 없는 갖가지 스타일링을 체계적인 구성으로 보여주며, 그동안 궁금했던 다양한 읽을거리까지 넘치는 보너스를 제공한다. 지금껏 나왔던 수많은 스타일책을 단번에 무너뜨릴 만한 충분한 힘이 느껴진다.

〈보그〉 국장 이광걸

난 요즘 《스타일난다》를 보는 재미에 푹 빠져 지낸다. 책 한 권에서 이토록 강렬한 에너지가 뿜어져 나오다니. '스타일난다'라는 이름만큼이나 스타일리시하다. 한 장씩 넘길 때마다 새로운 시도들이 드러난다. 김소희 대표의 끊임없는 무한한 도전정신에 박수를 보낸다.

mbc 무한도전 PD 문건이

인터넷 쇼핑몰의 열기가 뜨거워지면서 많은 여성들이 '스타일난다'에 열광했다. 이 책은 우리나라 패션의 지도와 같은 역할을 할 것이다. 단 한 권의 책이지만 이 속에 담겨진 디테일한 고민들이 마치 잘 짜인 시나리오처럼 느껴진다.

영화감독, CF감독 이사강

패션은 스스로에 대한 자신감의 표현이라는 말이 있다. 제아무리 명품을 걸쳤을지라도 자신을 사랑할 줄 모르면 결코 멋을 안다고 할 수 없다. 이 책에서 배울 수 있는 가장 큰 핵심은 스타일이 아닌 스스로를 아낄 줄 아는 법을 가르친다는 것이다.

한경닷컴 bnt뉴스 패션기자 송영원

책을 한 장 한 장 넘길 때마다 수없는 고민의 흔적들이 느껴진다. 한 권의 책 속에 모든 것을 담을 수는 없겠지만, 적어도 앞으로 우리나라의 패션이 나아가야 할 방향을 볼 수 있게 해준다는 점을 높이 사고 싶다. 패션업계에 종사하는 모든 이들에게 강하게 어필할 수 있을 것으로 보인다.

한경닷컴 bnt뉴스 대표 박병국

나 자신을 꾸미는 것은 곧 행복이면서 진취적 라이프스타일의 초점이 된다. 이 책을 통해 스타일이 났으면 좋겠다.

스타일리스트, 인트렌드 대표 정윤기

이 책은 지적이며, 강렬하며, 열정적이며, 스타일리시하다. 한 가지라도 놓칠세라 밤을 지새웠을 고민이 느껴진다. 패션과 뷰티에 대한 통찰력, 끝없는 연구와 노력에 박수를 보낸다.

배우 차승원

365일 다이어트에 시달리며 텔레비전 속 그녀의 몸매를 부러워하기보다 있는 그대로의 내 모습을 사랑하고 나만의 장점을 부각시키는 법을 가르쳐주는 '진짜' 스타일링 책.

배우 공효진

캐릭터에 따라 여러 가지 모습을 연출해야 하기 때문에 늘 다양한 스타일링에 대한 갈증이 있었다. 이 책 덕분에 시원하게 해소된 것 같다. 저자에게 감사드린다.

배우 하지원

첫 장부터 마지막 장까지 한 장 한 장 소신껏 자신의 생각을 담고 정성껏 만들어낸 저자의 노력이 묻어 있다. 패션 · 뷰티 도서 시장에서 당당하게 승부를 겨뤄볼 만하다.

배우 유지태

스타일링에서 가장 중요한 것은 자기 자신을 아는 일이다. 내 체형, 피부 톤, 분위기 등을 파악하는 것이 스타일링의 시작이기 때문이다. 이 책은 언제나 2% 부족함을 느꼈을 당신에게 마지막 포인트까지 완벽하게 채워줄 수 있는 좋은 지침서가 될 것이다.

배우 이요원

자신을 사랑하는 여자, 자신의 매력을 알고 그것을 멋지게 드러내는 여자! 이 책 속에서 만난 여자들의 자신감과 당당함에 나도 모르게 고개를 끄덕이고 있는 내 모습을 발견했다.

배우 오지호

이토록 소중한 비법들을 쉽게, 알차게 담아내다니 놀라울 따름이다. 몇 번을 읽어도 읽을 때마다 새로운 '완소' 스타일링 책!

배우 박한별

자신을 사랑할 줄 아는 멋진 여자들의 이야기가 재미있게 담겨 있는 책. 지인들에게 선물해주고 싶은 유익한 책이다.

배우 박시후

눈을 즐겁게 만드는 화려한 디자인에 실용적인 레시피까지! 감히 '소장가치 1순위' 스타일링북이라고 정의하고 싶다.

배우 차예련

즐겁고, 마음이 따뜻해지는 기분이 들었다. 이 책을 읽는 독자들에게 자신감과 사랑을 심어주고 싶어 한 저자의 생각이 고스란히 전해진 느낌이다.

배우 윤시윤

여자들뿐만 아니라 패션을 사랑하는 남자들까지도 푹 빠져서 읽게 만든다. 알찬 구성과 유용한 지식들로 가득 찬, 한 번 읽기 시작하면 손에서 놓을 수 없는 매력 만점의 책이다.

가수 빅뱅

친구, 언니, 동생, 가릴 것 없이 꼭 읽으라고 추천하고 싶은 책! 꼼꼼하고 체계적인 스타일링 비법들은 물론 자신을 사랑하는 법과 당당해지는 비결까지 알려준다.

가수 2NE1

작은 것 하나까지 놓치지 않고 신경 쓰는 여자들의 세심함에 감탄이 절로 나온다. 그러면서도 자연스러움을 잃지 않는 마법 같은 비법들! 소중한 사람들에게 추천하고 싶은 책이다.

가수 박재범

흥미진진한 여자들의 비밀 이야기가 가득 담긴 책! 게다가 남녀 불문하고 꼭 알아두어야 할 스타일링 지식들까지 가득하다. 추천하고 싶은 마음 200%!

가수 2AM

여자라면 누구나 한 번쯤 들어보았을 '스타일난다'라는 이름. 이 책은 그 명성에 걸맞는 높은 완성도를 보여준다. 같은 사람도 180도 달라 보이게 만드는 스타일링의 놀라운 파워를 느낄 수 있을 것이다.

배우 엄지원

재미와 정보, 아름다움이라는 세 마리 토끼를 모두 다 잡았다. 남자인 나도 감탄하며 읽게 되는 '스타일난다'만의 센스 있는 스타일링 노하우들!

배우 김성수

때로는 귀엽게, 때로는 섹시하게, 때로는 단아하게 연출하고 싶은 여자들에게 알려주는 완벽한 스타일링! 각각의 스타일에 어울리는 액세서리와 쉽고 간편하게 연출하는 메이크업 비법까지 담았다. 이 책을 덮는 순간, 당신의 삶에 새로운 변화가 시작될 것이다.

배우 서유정

지금껏 읽었던 패션 스타일링 책들 중 가장 쉽고, 재미있고, 유익했다. 입는 사람을 과하지 않으면서도 충분히 돋보이게 만들어주는 센스 넘치는 스타일링 비법들이 실생활에 적용하기 쉽게 소개되어 있다.

배우 김유미

패션에는 답이 없다고들 하지만 베스트와 워스트를 가르는 경계는 물론 존재한다. 이 책은 그 경계를 넘지 않고 똑똑하게 과감해지는 법을 알려준다.

배우 윤진서

나를 자신 있고 당당하게 만들어주는 '스타일난다'만의 스타일링 파워. 이렇게 한 권의 책으로 정리되어 나와 정말 감사하고 행복하다.

배우 최정원

상황에 따라, 때에 따라 나를 가장 빛나게 만들어줄 센스 있는 스타일링들을 쉽고 친절하게 소개한다. 이 책 하나만 있으면 언제 어디에 가든 걱정 없을 것 같다.

배우 조윤희

유니크한 것을 추구하는 나에게 워너비한 책. 쉽게 흉내 낼 수 없는 갖가지 스타일의 향연이 펼쳐진다. 사랑하고, 사랑받고, 성공하는 비결이 이 안에 있다.

배우 민효린

시원스럽게 풀어낸 '스타일난다'의 스페셜 스타일링 레시피! 패션에 대한 나의 상상력을 자극하는 새로운 책이다. 기다린 보람이 있다.

배우 서우

눈에 확 띄는 가벼움보다는 한 번 더 돌아보게 만드는 스타일리시함! 이 책을 읽고 난 뒤, 당신의 스타일 지수는 200% 상승하게 될 것이라 장담한다.

배우 고준희

자신을 가꿔보려는 마음을 먹은 이들, 다양한 모습으로 변신을 시도하고 싶은 이들에게 교과서가 되어줄 수 있는 책이다. 다양한 읽을거리와 꼼꼼한 디자인까지 무엇 하나 놓치지 않은 완벽함이 놀랍다.

배우 박민영

여자 남자 구분할 것 없이 스타일링의 기본, 핵심, 마무리까지 확실하게 정리되어 있다. 남자들도 탐낼 만한 멋진 책!

배우 김범

남자임에도 불구하고 참 재미있게 읽었다. 항상 멋지다고 생각했던 스타일리시한 여자들의 비법들을 이 책 안에서 발견했다.

배우 마르코

절제됨과 과감함 사이를 자유롭게 넘나들며, 그것을 즐거워하는 프로페셔널한 저자의 태도가 인상적이었다. 패션을 사랑하는 모든 사람들에게 꼭 한번 읽어보라고 권하고 싶다.

배우 주원

쉽다, 단순하다. 하지만 다르다, 특별하다! ≪스타일난다≫가 제안하는 핫하고 스페셜한 스타일링. 머리부터 발끝까지, 언제 어디서나 완벽하게 자신을 어필할 수 있는 비법들을 일목요연하게 정리했다. 너무나 갖고 싶은 책이다.

(수애, 김효진, 한은정, 이소연, 김희애) 스타일리스트 김영미

톱스타들이 어디에서나 돋보이는 가장 큰 이유는 '자신'에 대해서 잘 알고 있기 때문이다. 스타일링의 첫 번째 조건은 바로 자신을 아는 일에서부터 시작된다. 나의 체형, 피부, 얼굴형, 분위기, 이미지를 파악하라. 그리고 이 책을 집어 들어라. 2% 부족했던 당신에게 마지막 포인트까지 완벽하게 채워줄 것이다.

(송혜교, 한가인) 스타일리스트 김현경

'갖고 싶다'는 것은 이런 책을 두고 하는 말일 것이다. 항상 유니크하면서도 질리지 않는 색다름을 표현하는 '스타일난다'. '최초'이자 '최고'라는 말이 무색하지 않을 만큼 그 노력이 위대하다. 박수를 보낸다.

국내 최초의 스타일리스트이자 액세서리 디자이너 박혜라

한 권의 책에 담을 수 있는 최대한의 스타일링 정보들을 담기 위해 상당히 고심한 흔적을 엿볼 수 있었다. '스타일난다'가 최고의 위치에 오를 수밖에 없었던 이유들이 이 책에 담겨 있다.

가수 조PD

왜 이제야 나왔을까! 패션과 스타일에 대한 그동안의 궁금증들을 싹 해소해준 너무나 고마운 책. 정말 별을 열 개 주어도 모자랄 정도도.

가수 장나라

'똑'소리 나게 정리되어 있는 '스타일난다'만의 비밀 노하우들! 아무에게도 알려주지 않고 나 혼자만 알고 싶을 정도로 알짜배기 정보들이 가득하다.

가수 장윤정

내 여자는 이 책을 알고, 읽고, 실천하는 사람이었으면 좋겠다. 감각적인 스타일링 정보뿐만 아니라 마음 속까지 멋진 진짜 여자가 되는 비법을 알려주는 책! 더 이상의 말이 필요없다.

가수 초신성

매일 자신을 가꾸는 사람이 예쁜 이목구비와 보기 좋은 체형을 타고난 사람보다 훨씬 매력적이라는 것은 이제 굳이 말하지 않아도 누구나 아는 사실이 되었다. 가장 매력적인 '나'를 찾는 법? ≪스타일난다≫ 속에 다 있다!

가수 배슬기

여자들의 비밀스럽고 흥미진진한 수다를 엿본 것 같은 기분이 들었다. 유쾌하고 신선하다. 망설이지 말고 일단 읽어보라고 권하고 싶다.

가수 박현빈

쉽지만 뭔가 다른 느낌! 머리끝부터 발끝까지 완벽하게 자신을 어필할 수 있는 비법들을 가득 담았다. 너무나 갖고 싶은 책이다.

가수 FT아일랜드

평소 너무나 좋아하던 '스타일난다'만의 스타일링을 책으로 만나볼 수 있어서 너무 반가웠다. 알면 알수록 매력적인 스타일링의 세계로 당신을 초대한다.

가수 포미닛

센스 있는 여자들의 머릿속, 마음속을 들여다보는 기분이랄까? 복잡하고 섬세한 '여자'를 알고 싶은 남자들에게 꼭 한번 읽어보라고 추천하고 싶다.

가수 비스트

제목부터 예사롭지 않았다. 책장을 넘길수록 흥미진진했고, 내용과 디자인 모두 기대 이상이었다. 남자들도 얻을 것이 정말 많은 책이다.

가수 씨엔블루

많은 셀러브러티들과 패셔니스타들이 즐겨 찾는다는 '스타일난다'의 잇 아이템들을 책으로 만날 수 있다니! 패션을 사랑하는 여성으로서 너무나 기쁜 소식이다!

가수 지나

첫 장을 넘긴 순간부터 마지막 장을 덮는 순간까지 정신없이 빠져들게 만든다. 스타일에 목마른 당신을 100% 집중하게 만들 '핫'한 책이다.

가수 시크릿

기존 패션 · 뷰티도서들과 완전히 차별화되는 책이라고 생각한다. 스타일에 관한 소신과 자부심, 그리고 유용한 여러 팁들을 따뜻하고 활기찬 어조로 풀어냈다.

모델 이수혁

나는 매일 아침 눈을 뜨면 가장 먼저 거울을 본다. 오늘, 이만큼 더 나를 사랑하는 방법. 그것은 바로 나를 똑바로 알고, 똑바로 바라보고, 그리고 이렇게 말하는 것이다. "넌 정말 사랑스러워, 최고야!" 나는 ≪스타일난다≫가 또 하나의 내 거울이 되어줄 수 있다고 생각한다. 나를 사랑하는 멋진 방법! 너, 오늘 좀 스타일난다!

(박시연, 성유리, 유진, 서효림) 스타일리스트 박희경

많은 셀러브러티들과 패셔니스타들이 즐겨 찾는다는 '스타일난다'의 아이템들. 우선, 남다른 그 스타일링이 궁금하다. 그동안 웹사이트에서만 볼 수 있었던 '스타일난다'의 모든 것을 책으로 만난다. 패션을 사랑하는 모든 여성들에게 큰 희소식이 될 것이다.

(브라운아이드걸스) 스타일리스트 송정옥

매일 자신을 가꾸는 사람이, 타고날 때부터 예쁜 이목구비와 보기 좋은 체형을 가진 사람보다 훨씬 더 '매력적'이라는 것은 이제 말하지 않아도 누구나 아는 사실이 되었다. '꾸민다'는 것은, 날마다 나에게 '사랑'을 주는 일이다. 나는 오늘, ≪스타일난다≫로 내게 아주 듬뿍, 넘치는 사랑을 주었다.

(정려원, 윤승아, 변정수, 박선영) 스타일리스트 이윤미

지난 8년여 동안 여성 쇼핑몰 1위. 부동의 자리를 지키던 '스타일난다'의 독특한 스타일링은 이제 웬만큼 '멋 좀 부릴 줄 아는' 여자들의 레시피가 되었다. 그래서 기다렸다. 스타일난다의 성공스토리만큼이나 시원스럽게 풀어낸 그녀들의 스타일링. 나의 상상력과 창의력을 자극하는 새로운 책, 그 어떤 것보다 스타일리시한 책!

(오윤아, 김현주) 스타일리스트 김누리

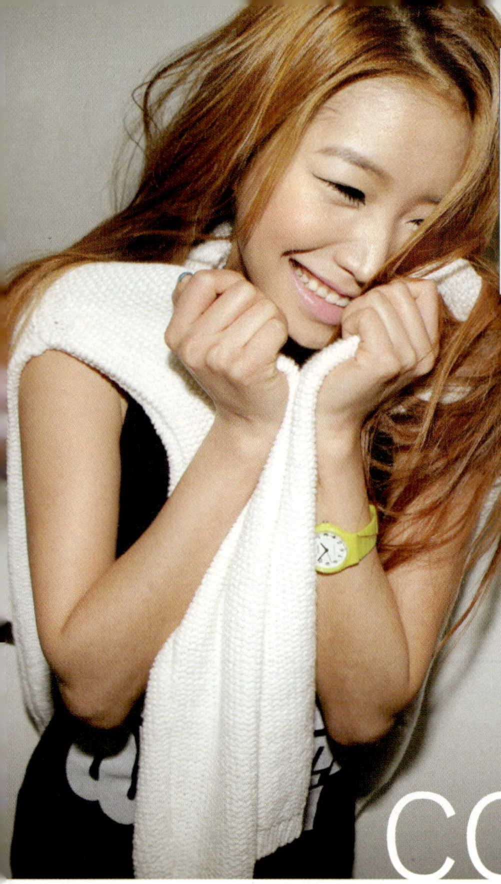

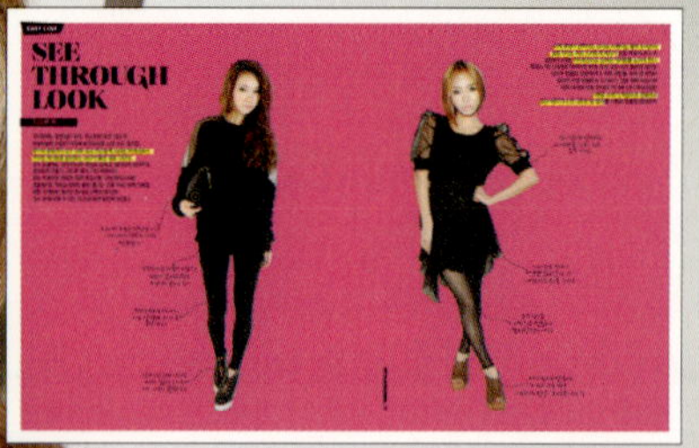

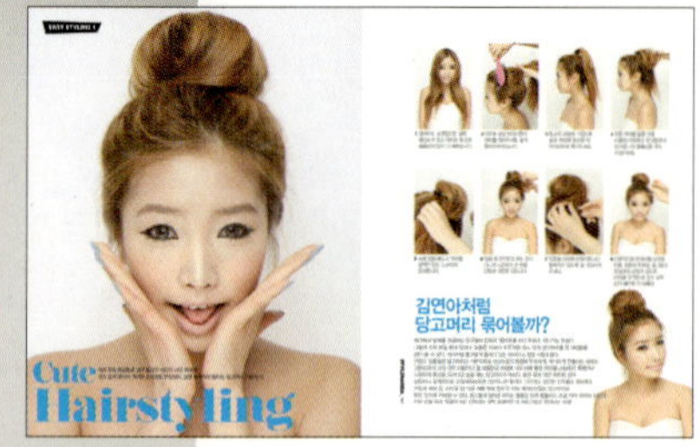

CONTENTS

FASHION IS A
FEELING.
THERE SHOULD BE
NO REASON.

PART 4
시크한 여자 <mark>There is something CHIC about them!</mark> 164

PART 5

우아한 여자 <mark>She's Elegant just like Grace Kelly</mark> 212

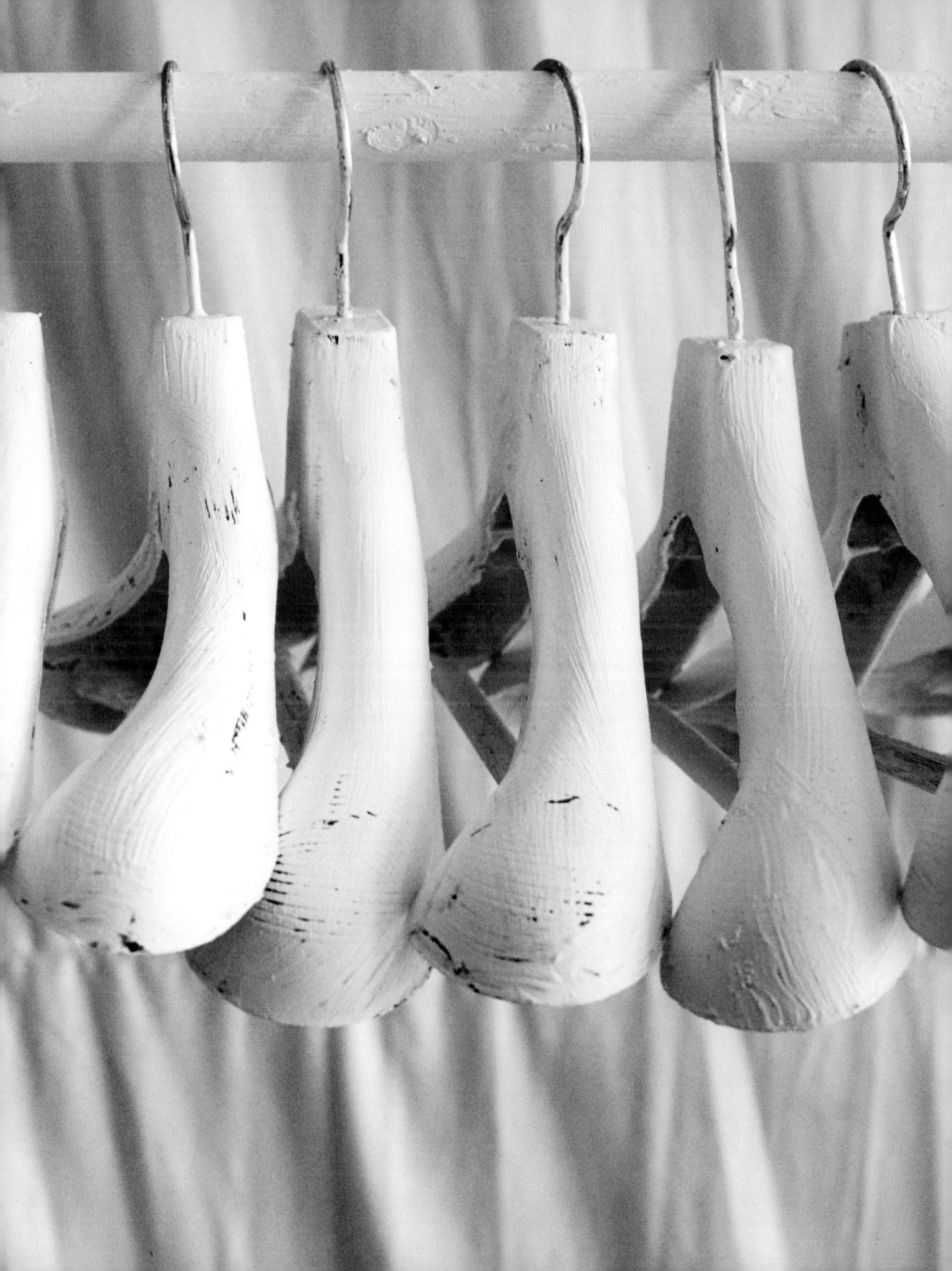

prologue

지금은 예쁜 여자보다 스타일 있는 여자가 돋보이는 시대!

고등학생 때였을 거예요.
발목이 드러나는 9부 바지에 플랫 슈즈, 단발머리가 유행할 때였죠. (일명 심은하 스타일?)
친구들처럼 그 바지가 너무 갖고 싶었지만
학생일 때라 마음껏 쇼핑할 수가 없었습니다.
그러던 어느 날, 빨랫줄에 널린 엄마 바지가 눈에 들어왔죠.
슬쩍 입어봤더니, 글쎄! 원래부터 9부 바지였던 것처럼 딱 맞았답니다!
(엄마와 나는 키가 11cm가 차이가 나요)

옷 입는 거라면 유행도 실컷 따라보았습니다.
나한테 어울리지 않는 스타일에 빠져 있던 시절도 분명 있었습니다.
'옷'이 좋아서 시작한 '옷장사'가 벌써 7년째고요,
누군가는 지치지 않느냐고 묻지만
옷에 파묻혀 사는 생활이 내겐 그저 행복한 놀이가 됐어요.
이제는 나보다 모델에게 옷을 입히는 일이 익숙해진
'스타일난다'의 어엿한 CEO입니다.

그러면서 생각해요.
이렇게 재미있는 스타일 놀이에 당신을 초대하고 싶다고.

우리, 만난 적은 없지만
당신은 분명 매력적인 여성일 거예요.
다만 어떻게 옷을 입어야 할지 모르겠다거나
좀더 감각 있는 스타일이 궁금해서 이곳에 초대된 거라면,
잘 찾아왔어요!

'스타일난다'가 당신의 스타일 네비게이터가 되겠습니다.
곧 누군가는 당신을 보고 놀라면서 말할 거예요.

— 너, 정말 스타일 난다!

(주)난다 대표 김소희

simple short T-shirts | simple long T-shirts | leggings | denim hot pants | high waist | black walker

STYLE NANDA

www.stylenanda.com
since 2004

Part 1

365일
베이식 아이템

What's the 'Basic'?

스타일을 가지는 것은 중요하다.
스타일은 당신이 아침에 일어날 때에도
도움을 줄 것이다.
그것은 삶의 방식이다.
스타일 없이, 당신은 아무 것도 아니다.
스타일은 단순히
많은 옷을 가지고 있는 것을 뜻하지 않는다.

– 다이애나 브릴랜드 Diana Vreeland 〈전 〈보그〉 편집장〉

꽃보다 명품? 명품보다 스타일리시!

'명품 = 스타일리시'란 생각을 과감하게 버려라.

이탈리아 장인의 정성으로 한 땀 한 땀 수놓은 명품이라도 나에게 어울리지 않는다면 그냥 그건 '어떤 물건'에 지나지 않는다.
비싼 명품이 아니어도 어떤 자리에서든 당신을 결코 기죽이지 않을 멋진 아이템들이 세상에는 너무 너무 많다.

패셔니스타 000

TV에 나온 한 연예인을 가만히 보고 있다.
사람들은 그녀를 패션리더, 트렌드세터라는 이름으로 부르며
추켜세우기 바쁘다. 나는 궁금해진다.
그녀가 비싼 옷들을 잘 입어서 패셔니스타라고 하는 걸까?
명품으로 휘감았기 때문에? 내 눈에 그녀는 전혀 스타일리시하지 않은 걸? 난 그 의견 반댈세!
소위 '명품'이란 것도 결국 입은 사람에게 잘 스며들어야 그 진가를 발휘한다.
명품이 점점 대중화가 되어가면서 많은 사람들이 명품 가방, 명품 신발 등에 '홀릭'하고 있다.
어떤 사람들은 나에게 어울리는 아이템이거나,
내가 좋아하는 디자인이라서가 아니라, '로고'를 겉으로 드러내기 위해서
명품을 구입하기도 한다. 또한 요즘 여자들 사이에 유행하는 브랜드,
드라마 속 주인공이 착용하고 나오는 가방 등은 발 빠르게 모델명을 알아내
구매하기도 한다. 카드 할부금에 치이고 생활에 쪼들리더라도 명품 브랜드
몇 개쯤은 갖고 있어야 친구들 사이에서 주눅 들지 않는다고 믿는다.
이건 결코 무의미한 소비가 아니라 나에 대한 당당한 투자라고 위로하면서 말이다.
나는 내 가방이, 내 신발이 명품임을 남들에게 드러내고 싶어 하는 과시욕과 허세를
그들에게서 읽는다.

안타깝다.

그것들로 인해 내가 돋보일 거란 믿음은 결코 스타일리시한 생각이
아니기 때문이다. 혹 그것은 생활에 지장이 생길 정도로 심하게 무리해서 큰맘 먹고
'저질러야' 할 정도로 부담스러운 결정을 내려야 하는 물건이지는 않은가?
쇼핑에 있어서 가장 우선되어야 할 것은 그것이 내게 필요하며
또한 잘 어울리는 물건인지를 아는 것 아닐까?
왜 그들은 내게 어울리는 것이 무엇인지도 잘 모르면서 거금을 투자하는 것일까.
아마도 뭔가 '있어 보이고 싶은' 마음,
남들에게 뒤지고 싶지 않은 심리 때문일 것이다.
이는 정말이지 자연스럽고도 당연한 마음이다.
이해한다. 누구든 돋보이고 싶어 한다.
하지만 꼭 명품만이 정답은 아니라는
사실을 알아주었으면 한다.
생각의 틀을 깨는 순간, 비로소
당신만의 스타일이 보일 것이다.

ITEM
BASIC

흰색 티셔츠,
블랙 워커 하나만으로도
스타일링이 가능하다고?

진정한 고수는 기본 아이템의 진가를 아는 사람!

자, 지금부터 장롱을 열어서 옷들을 준비하자.
그동안 어떻게 활용해야 할지 몰라
잠옷으로만 입거나 혹은 버려야 할 옷으로
처박아두었던 아이템일지도 모른다.
하지만 진짜 멋쟁이는 기본 아이템을 이용해 멋을 안 부린 듯
자연스러운 스타일을 연출하는 법!
길거리에서 산 듯한 티셔츠 하나에 바지 하나,
아무렇게나 걸친 듯 보이는 빅 백 하나만 있어도
당신은 마치 태어날 때부터 센스 넘치는 여자인 것만 같다!

오늘 난 뭘 입지?

그녀는 오늘 아침에도 옷장을 열어둔 채 한숨을 쉬었을지 모른다.

작년 이맘때에는
도대체 뭘 입고 다닌 거지?
이 많은 옷들 중 왜 입을 옷이 없는 걸까?

거울 앞에서 옷들과 씨름하다 결국 시간에 쫓겨 마음에 들지도 않는 옷을 골라 아무렇게나 걸쳐 입고 급하게 집을 나선다. 그녀는 번번이 회사에 지각을 했다. 약속시간에 자주 늦어서 친구들에게 핀잔을 듣기 일쑤다.

정말이지 요즘 입을 옷이 하나도 없어!

왜 여자들은 해마다 옷이 없다고 징징대는 걸까? 작년에 내가 산 옷들이 찢어지거나 망가진 것도 아닌데 말이다. 계절이 바뀔 때에는 특히 입고 나갈 만한 옷이 없다. 새롭게 유행하는 아이템들은 또 왜 그리 예쁜지 하나같이 다 갖고 싶다. 유행에 뒤처지긴 싫고, 또 365일 늘 돋보이고 싶은 게 여자의 본능이긴 하다. 아무리 그렇다 해도 눈알이 핑핑 돌도록 변해가는 유행늘 따라, 혹은 연예인늘이 입은 패션늘 따라 계절마다 새 옷을 사 모을 수도 없는 일이다. 가만히 옷장 속을 들여다본다. 옷이 없는 것도 아닌데, 내 스타일은 왜 이 모양인 거야?

All you need is basic items!

20대 초반, 학교에 한 번 갈 때마다 나는 옷과 전쟁을 치렀다. 아침마다 온 방을 헤집어놓았고 1시간쯤 지나 정신을 차려보면 모든 옷들이 방안에 널브러져 엉망진창이었다. 옷을 정말 좋아했던(미쳐 있었던) 나는 눈에 확 튀는 옷이라면 무조건 사 모으던 아이였다. 내 옷장에는 하나하나 보았을 때 특이하고 멋진 아이템들이 가득했다. 그런데 스타일을 내기란 쉽지 않았다. 서로 섞이지 않고 어우러지지 않는 옷들을 매치해 입는 일은 아침마다 나를 피곤하게 만들었다. 어쩌면 당신도? 생각 없이 유행을 따라, 연예인을 따라, 혹은 무조건 편한 스타일을 추구하느라 사 모은 옷들이 장롱 속에서 나프탈렌만 축내고 있지는 않은지……. 당신에게 가장 필요한 것은 기본 아이템이다. 시간이 지나도 한결같이 손이 갈 기본 컬러의 티셔츠와 팬츠, 데님, 기본 스커트, 핏이 잘 떨어지는 기본 재킷과 코트, 또 컬러별 레깅스…… 등. 기본 아이템만 확실히 갖추고 있어도 스타일 나게 옷 입기가 쉬워진다!

입을 옷이 없다고 탓하지 말자. 당신의 옷장이 가난한 게 아니라 당신의 스타일이 가난한 것이다.

My Wannabe

심플 긴팔 티셔츠
Simple Long T-shirts

심플 반팔 티셔츠
Simple Short T-shirts

레깅스
Leggings

it Styling

데님 핫팬츠
Denim Hot Pants

하이 웨이스트 팬츠
High Waist Pants

블랙 워커
Black Walker

SIMPLE SHORT T-SHIRTS

심플 반팔 티셔츠

회색 티셔츠라면 무조건 하나 이상 가지고 있어야 할 아이템. 그레이는 블랙, 화이트와 더불어 필수 컬러라 할 수 있다. 이유불문이다. 핫팬츠와 힙 라인 아래로 넉넉히 내려오는 티셔츠 하나만 입어도 스타일이 산다. 심플하면서도 군더더기 없는 코디로 프린트가 돋보이는 단화나 컬러감 있는 운동화를 신어 포인트를 주는 것도 좋다. 손에 무심하게 쥔 그레이 빅 백은 소위 '깔맞춤'이라 하는 컬러 통일감을 주면서도 시크해 보인다.

심플 그 자체,
그레이 티셔츠

힙을 덮는
티셔츠 사이로 보이는
화이트 핫팬츠

우심하게
돈돈 말아 손에쥔
캔버스 재질의 빅 백

기븐 스타일에 발랄하게
포인트가 되는
호피 무늬 단화

화이트티셔츠에 청바지 공식은 쉽게 따라 할 수 있는 멋쟁이의 기본!
하지만 보통 내공으로는 화보 속 모델이나 셀러브리티처럼
보이기 힘든 것만 같다. 과연 이것은
파파라치 사진 속 스타들이 입었기 때문에 핫한가?
No, 스타일링의 비밀은 '한 곳 차이'에 있다.
박시한 브이넥 화이트 티셔츠에 찢어진 데님 핫팬츠를 입고 빅 백.
여기까지는 얼추 할리우드 파파라치 컷에 등장하는 모습.
자, 그럼 투박한 워커 스타일의 힐 워커와
발목 사이로 살짝 올라온 컬러 양말로 포인트 있게 연출해준다.
여기에 선글라스나 박사님 뿔테 안경을 써주면 Good!

살짝 박시한
화이트 티셔츠

해진 스낌이 멋진
데님 핫팬츠

스포티한 스낌의
빅 백

요즘 잇 아이템,
컬러 양말

우직해 보여 더 멋스런
베이지 컬러의
힐 워커

JUST TRY IT, NOW!

기본 티셔츠 한 장으로도 패셔니스타 부럽지 않다! 기본 티셔츠들이야말로 멋쟁이들에게는 필수 아이템이다. 입다가 지겨워지면 아크릴 물감으로 낙서를 해서 리폼해도 좋다. 또 입다가 늘어나기라도 하면 걸레로 써버리면 되는, 살신성인의 아이템! 편안하면서도 스타일은 결코 놓치지 않으며 끝끝내 이로운 완소 아이템, 반팔 티셔츠, 만세!

white t-shirts + denim pants

black t-shirts + high waist white pants

white shirts + black leggings

white shirts + baggy fit denim pants

white t-shirts + black leggings

pink shirts + blue pants

타이트한 티셔츠에는 배기 핏 팬츠, 박시한 티셔츠에는 몸에 핏 되는 일자 팬츠나 레깅스 등으로 매치한다. 자신 있는 부분은 드러내고 감추고 싶은 부분은 살짝 숨기면서 스타일에 완급을 조절하는 재미마저 느껴질 것이다. 티셔츠를 입을 때 티셔츠 한쪽 밑단은 바지 속에 넣고 다른 한쪽은 내놓고 입으면 자연스럽게 주름이 잡혀 티셔츠의 핏이 더 예뻐 보인다. 하이 웨이스트 팬츠와 입을 때에는 앞쪽 밑단은 넣고 뒤쪽은 빼는 방법도 팁. 살짝 비치는 티셔츠에는 속옷 색이나 브라 끈도 신경을 써야 한다. 과감하게 시스루 룩을 연출하거나 일부러 센스 있게 끈을 살짝 드러내는 것도 멋지다.

이거 하나면 돼! 티셔츠 하나에 모든 기대를 걸어도 좋다. 원단 좋고 핏 좋은 티셔츠라면 내 단점은 커버해주고 장점은 살려서 군더더기 없이 완벽한 스타일을 보여줄 것이다. 할리우드 특급 스타가 부럽지 않은 베이식 잇 아이템! 티셔츠의 소재나 네크라인, 길이감에 따라, 또 하의를 어떻게 매치하느냐에 따라 활동적이고도 내추럴하게, 또 슬림하게 연출할 수 있다.

gray t-shirts + baggy fit white pants

black t-shirts + skinny denim pants

gray t-shirts + white pants

pink t-shirts + high waist denim pants

white t-shirts + beige leggings

gray t-shirts + high waist blue pants

텐셀, 저지 등의 티셔츠는 얇고 부드러우며 살이 살짝 비치는 특성이 있다. 베이식 아이템일수록 컬러를 많이 사용하지 않고 위, 아래 모두 단조로운 모노톤으로 연출하면 단정하고 여성스러워 보일 수 있다. 깊게 파인 브이 넥은 너무 말라 턱선이 뾰족하거나 가슴이 큰 경우를 제외하고는 누구에게나 어울리고 무난한 편이다. 특히 어깨가 넓거나 둥근 얼굴형을 가진 사람들에게 추천이다. 쇄골라인과 가슴라인을 드러내면서 여성스러움을 강조하는 것은 물론, 시선이 아래로 분산되기 때문에 결점이 커버된다.

SIMPLE LONG T-SHIRTS

심플 긴팔 티셔츠

신축성 좋은 소재의 기본 티에 스키니진은 몸에
딱 떨어져 몸매를 예쁘게 드러내준다.
여성스러운 곡선이 그대로 나타나기 때문에
화려한 장식 없이도 은근히 섹시한 차림이기도 하다.
기본 아이템만으로 시선을 확 끄는 방법이다.
코튼 거즈 원단의 화이트 티셔츠는 속옷과 속살을 살짝 비추어
더욱 여성스러운 아이템. 깔끔한 그레이 스키니진을 입고
여기에 톤 다운된 그레이 컬러의 둥근 코 힐을 매치한 뒤
빅 백으로 마무리하니 우아하면서도 세련된 '업타운걸'로 완성!

슬림하게 몸매를 드러내는
U넥 화이트 티셔츠

여성스러워 보이는
기본 스키니 핏의
그레이 진

발등이 예뻐 보이는
그레이 컬러 펌프스

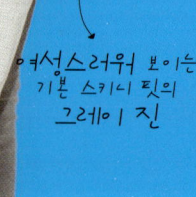

블랙 티셔츠가 활용도 높은 것은 두말하자면 입 아프다. 일단 날씬해 보인다는 데에는 모두가 동의할 아이템. 적당히 핏 되는 긴팔 블랙 티셔츠와 밑단을 접어 올린 블랙 핫팬츠를 입어 다리를 자신 있게 부각시켰다. 살빛이 드러난 다리가 블랙 상의와 대비되어 더욱 날씬해 보인다. 여기에 역시 블랙으로 통일시켜 오픈 토 힐을 매치, 시원시원한 스타일을 완성한다. 기본 티셔츠, 기본 핫팬츠 하나만으로 보여주는 스타일링이다. 여기에 핫한 오렌지 컬러 립스틱으로 입술에 포인트를 주면 전체적인 인상까지 환해 보인다.

몸에 적당히 핏 되는 베이식 블랙 티셔츠

밑단은 접어 더욱 쿨하게 입는 블랙 핫팬츠

발끝이 살짝 나와 멋진 오픈 토 힐

JUST TRY IT, NOW!

<mark>편하면서도 어디에나 매치 가능하며 스타일 나는 티셔츠를</mark> 싫어할 사람이 있을까 싶다. 결코 사랑하지 않을 수 없는 아이템이 바로 기본 티셔츠다. 티셔츠를 변형 없이 오래 입기 위해서는 드라이클리닝 하는 것이 좋지만 자주 손이 가는 아이템이라 매번 세탁소에 맡기기 쉽지 않으므로 <mark>조물조물 손빨래를 하는 것이 최선!</mark>

black t-shirts + denim pants

white, gray t-shirts + skinny pants

orange t-shirts + denim hot pants

white t-shirts + beige leggings

gray t-shirts + white leggings

white t-shirts + skinny denim pants

힙을 살짝 덮는 길이의 티셔츠는 어디에나 무난하게 스타일이 가능하다. 힙선을 충분히 덮는 티셔츠를 원피스처럼 레깅스와 매치해 '하의실종' 트렌드에 동참하자. 기본 컬러 티셔츠는 자주 입는 아이템이므로 소재와 핏 등에 따라 다양하게 갖고 있어야 하지만 톡톡 튀는 컬러의 티셔츠는 그 자체로 포인트가 되기도 하므로 두어 벌 소장할 가치가 충분하다.

기본 티셔츠는 얼마든지 레이어드 해 입기 좋은 아이템. 기본 라운드 넥 티셔츠가 지루하다면 목 부분을 일부러 잡아끌어 살짝 늘려 입는다거나 넥 라인을 쭉 잡아당겨 어깨 한쪽을 섹시하게 드러내 보는 것도 필살기! 일부러 티셔츠를 가위로 오려 해지게 만들어 입거나 구멍을 뚫어 입는 사람도 있다. 상상력을 발휘해 시도해보자.

white t-shirts + black leggings

white, mint t-shirts + skinny denim pants

black t-shirts + black leggings

gray t-shirts + black leggings

green t-shirts + denim hot pants

white t-shirts + black pants

기본 티셔츠는 심플하게 즐길 때 가장 멋스럽지만 이를 좀 더 재미나게 즐기기 위해 가죽이 덧대어졌거나 독특한 패턴이나 모양을 가진 레깅스 등으로 매치해보면 스타일에 위트를 얹어줄 수 있다. 티셔츠와 같은 길이의 재킷, 카디건 등을 꼭 입지 않아도 슬쩍 어깨에 걸치거나 한 손에 드는 것도 쿨해 보일 것! 헤어스타일에 힘을 바짝 주는 행동은 스타일을 망가뜨릴 위험이 크다. 헤어는 살짝 부스스하게 두거나 잔머리를 내놓고 묶자.

THE FASHION IS
THE WORK OF PURSUING
TO PURE BEAUTY.
THE PURE BEAUTY MEANS CLEAN,
THAT IS THE BEST
NATURAL
CONDITION.

패션이란…… 청결한 아름다움을 추구하는 작업이다.
청결하다는 것은 깨끗함, 즉 가장 자연스러운 상태를 의미한다.

– 조르지오 아르마니 Giorgio Armani

LEGGINGS

레깅스

지금은 레깅스 전성시대!
스타킹도 아닌 것이, 바지도 아닌 것이 참 신통방통하다.
일명 '쫄바지'로 불리는 레깅스는 집집마다 하나쯤은
반드시 가지고 있을 것이다. 땀 차는 한여름만 아니라면
==사계절 모두 여인들에게 사랑받는 아이템.==
가볍고 편안한 레깅스는 신축성과 보온성이 좋다.
쫀쫀하고 도톰한 두께의 레깅스는 신을 때
하체가 보정되는 기분마저 들게 한다.
특히 블랙 레깅스는 길이가 살짝 긴 롱 티셔츠에
==신어만 줘도 스타일 완성! 여기에는 킬 힐보다는==
==볼드한 느낌의 가보시나 웨지 힐이 더 멋스럽다.==
기본 컬러부터 사랑스러운 파스텔 컬러는 물론이고
독특한 패턴이 프린트된 레깅스까지
요즘은 정말 다양하게 나와 있으니,
여자라서 행복하다!

미니원피스처럼
연출한
민소매 티셔츠

어디에나
날씬하게 어울려
블랙 레깅스

나무로 된
굽이 독특한
우드 웨지 슈즈

JUST TRY IT, NOW!

운동복이 없어서 운동을 못 한다는 말은 거짓말. 살짝 늘어난 레깅스에 박시한 티셔츠를 입고 당장 나가 뛰어도 편안하면서 멋진 트레이닝복이 될 것이다. 또 봄날 가볍게 여행을 떠나기 전, 레깅스 두어 개와 함께 매치할 넉넉한 티셔츠, 카디건 정도면 가방에 넣을 옷 꾸리기가 끝! 두껍고 무거운 청바지 대신 레깅스를 챙기면 몇 개를 집어넣든지 부피가 작아서 가방 안을 넉넉하게 정리할 수 있을 것이다. 무거운 트렁크가 딱 질색인 언니들에겐 필수다. 가볍게 입어도 스타일 나는 레깅스, 사랑하지 않을 수 없다.

white t-shirts + black leggings

white t-shirts + gray leggings

black t-shirts + blue leggings

white shirts + black leggings

black t-shirts + black stripe leggings

pink knit + white leggings

하의실종 패션에 기여하는 레깅스. 힙을 덮는 티셔츠나 니트에 레깅스를 신는 트렌드는 당분간 지속될 것 같다. 어딘가 하의를 빼먹은 듯 불편하다면 제깅스(Jeggings, Jean과 Leggings의 합성어)는 덜 부담스러울 것이다. 제깅스는 힙에 포켓 등을 그대로 살려 진 같아 보이면서도 허리부분을 밴드 처리하여 레깅스만큼 편하다. 나염 레깅스나 스타킹처럼 보이는 시스루 레깅스, 스트라이프가 들어간 화려한 레깅스도 인기다. 상,하의를 우윳빛 파스텔 컬러로 통일하여 사랑스러운 여인으로 변신하거나, 반대로 펑키한 나염 레깅스를 매치해 록시크에 도전해보자.

DENIM HOT PANTS

데님 핫팬츠

이렇게 Hot한 아이템을 여름에만 입는 건 너무 아깝다.
추운 날씨에도 핫팬츠를 입어 용감하게 탐스러운 허벅지를
드러내고 풍성한 퍼(Fur)재킷을 매치시킨 언니들을
심심치 않게 볼 수 있다.
그들처럼 즐겨라! 핫팬츠가 왜 핫팬츠겠나.
그야말로 핫한 이 아이템 없이는 누구도 핫할 수 없다.
두꺼운 허벅지 때문에 엄두가 안 난다고?
무슨 말씀. 요즘은 건강 미인이 대세다!
후드와 가죽 재킷, 살짝 보이시한 상의에 핫팬츠로
여성스러우며 시크한 스타일링을 완성해보자.
여기에 투박한 베이지 워커를 신고
빅 백으로 마무리!
여고 스쿨밴드의 인기 많은 언니처럼!

소년처럼 귀엽게,
후드 집업

오빠 옷은
빌려 입은 듯
투박한 가죽 재킷

어깨에 매면
힙 라인에 딱 내려오는
빅 백

여성스럽게 각선미를
드러내는
데님 핫팬츠

안이 살짝 비치는
심플 화이트 티셔츠

핫팬츠와 찰떡궁합,
힐 워커

JUST TRY IT, NOW!

생각해보면 청바지는 워싱이나 밑위 길이, 바지 통 등에 따라 은근히 유행을 탄다. 몇 년 전에는 잘 입다가 지금은 유행에 뒤떨어져 모셔둔 청바지를 꺼내서 과감하게 잘라 핫팬츠 만들기에 도전하는 건 어떨까? 인터넷에 '청바지 자르기'라고 검색만 해봐도 고수들의 반바지 만들기 강좌가 수두룩하게 나온다. 바지 밑단이 깔끔하게 봉제된 디자인부터 주머니가 밖으로 나와 대강 잘라낸 것처럼 해진 디자인 등 다양한 디테일의 핫팬츠를 즐기자.

white t-shirts + denim hot pants

beige t-shirts + denim hot pants

black jacket + denim hot pants

sky-blue jacket + denim hot pants

black t-shirts + black hot pants

white shirts + denim hot pants

핫팬츠는 다리 각선미가 그대로 드러나 시원시원한 느낌이 든다. 하지만 어정쩡한 길이의 핫팬츠는 다리를 오히려 짧아 보이게 할 수 있다. 그건 핫팬츠가 아니라 그냥 반바지다. 짧고 과감하게 입을수록(일명 마이크로 미니) 다리는 더 길고 날씬해 보인다. 허벅지 단을 양쪽 모두 아무지게 접되, 바깥쪽이 살짝 더 올라가 V자 모양이 되도록 입는 것이 롱다리 연출 포인트 기본 아이템인 민소매 티셔츠와 데님 핫팬츠는 한여름을 시원하게 보내게 해줄 찰떡궁합 코디다. 프린트가 화려한 티셔츠는 데님 핫팬츠와 특히 멋스럽게 어울리는 아이템. 핫팬츠로 다리를 드러냈다면 상의는 과한 노출을 피하고 깔끔한 화이트 셔츠로 단정하게 매치해도 맵시있게 보일 것.

"I WISH I HAD HAD INVENTED BLUE JEANS. THEY HAVE EXPRESSION, MODESTY, SEX APPEAL, SIMPLICITY - ALL I HOPE FOR IN MY CLOTHES."

시크하다는 것은 인상을 남기는 거예요.
코트를 여미는 방법이나 팬츠를 조금 짧게 입는 식으로 말이죠.
– 소니아 리켈 Sonia Rykiel

HIGH WAIST PANTS

하이 웨이스트 팬츠

짧았던 밑위와 허리선이 다시 올라갔다.
유럽 언니들 틈에서 먼저 유행하던 70~80년대 스타일이
돌아왔다. 너무 촌스러울 것 같다고?
유행은 돌지만 패션이란 건 언제나 그 시대에 맞게
재해석되어 당신을 가장 트렌디한 여성으로 만들어줄 것이다.
허리는 길고 다리가 짧은 동양인에게 어울리지 않을 것 같다고?
일단 한 번 Try on!
오히려 더욱 다리를 날씬하고 길게 보이게 만들어준다.
스판 레깅스 같은 느낌의 타이트한 하이 웨이스트 팬츠는
광택감이 있어 더욱 고급스럽고 늘씬하게 다리를 돋보이게 한다.
심플하면서도 넥 디테일이 독특한 블라우스와 매치해
고급스러움이 묻어나는 코디이다. 하이 웨이스트 팬츠는
다양한 스타일을 보여줄 만한 썩 괜찮은 아이템!

고급스러운 광택과
독특한 디테일
화이트 블라우스

스키니하게 롱다리로
만들어주는 자세 포토샵,
블랙 하이 웨이스트 팬츠

끈 장식이 멋스러운
오픈 토 우드 웨지 슈즈

JUST TRY IT, NOW!

타이트한 하이 웨이스트 팬츠가 자신 없다면 허리선이 올라간 배기 핏이나 와이드 팬츠로 시도하자. 자신 없는 하체 라인을 감춰주며 몸을 볼륨감 있게 커버해준다. 하이 웨이스트 팬츠는 남자들이 썩 반기는 스타일은 아니라고 한다. 하지만 뭐 어떤가? 여성은 다리가 길어 보일 권리가 있다. 그들이 싫어하는 어그부츠가 익숙해졌듯, 이제 곧 하이 웨이스트 팬츠도 정이 들 텐데.

gray t-shirts + gray hot pants

white blouse + high waist blue pants

white t-shirts + high waist denim pants

yellow t-shirts + denim pants

white t-shirts + high waist white pants

black blouse + black hot pants

허리가 가슴 아래 달린 것처럼 보이는 극단적 하이 웨이스트까지는 아니어도 가볍게 즐길 만한 디자인들이 쏟아져 나오고 있다. 허리선이 살짝만 올라가도 힐을 신은 듯, 다리가 1.5배는 길어 보일 수 있다. 티셔츠나 블라우스를 바지 속에 넣어 입어야 하므로 종일 배에 힘을 주거나 한 끼쯤 굶어야 할지라도 시도하자. 키를 커 보이게 하는 좋은 아이템이지 않은가! 하이 웨이스트 핫팬츠는 다리를 드러내 각선미를 강조하는 효과와 높아진 허리선 때문에 다리를 더욱 길어 보이게 하는 효과를 동시에 누릴 수 있다. 일명 '소방차 바지'로 불리며 배기 핏으로 골반부분이 살짝 풍성한 하이 웨이스트 팬츠는 독특하고도 포멀하며 세련된 느낌을 준다. 복고 느낌의 하이 웨이스트 일자 데님은 힐과 함께 매치할 때 날씬해 보이며 또한 빈티지한 무드로 즐길 수 있다.

BLACK WALKER

블랙 워커

여성스럽게 보이고는 싶지만 하늘하늘 코스모스보다
도발적인 장미꽃이고 싶은 언니들.
사랑스럽고 우아한 오드리 햅번도 좋지만 캐내고 또 캐내도
더 알고 싶게 만드는 안젤리나 졸리처럼 보이고 싶은 날.
그렇다면 정답은 블랙 워커다. 평범한 스타일에는 포인트를,
여성스러운 스타일에는 믹스 앤 매치 효과를 준다.
남자친구의 셔츠를 빌려 입은 듯한 원피스 하나에
여성스러운 힐 대신 블랙 워커를 신는 것만으로
느낌이 확 달라진다. 블랙 워커를 신고 무심하게 걸어보자.
터덜터덜, 반항기 넘치고 로큰롤을 사랑하는 10대 소녀처럼!

창백한 듯,
순수한 느낌의
누드 베이지 립 컬러

살짝 박시한 셔츠 형태의
화이트 미니 원피스

소녀 느낌의 원피스에
반전을 더하다,
앞코가 트인 워커

JUST TRY IT, NOW!

요즘은 남자들보다 여자들이 워커를 더 많이 신는다(물론 군인 오빠들은 빼고). 투박한 듯, 여성스러운 디자인의 블랙 워커는 더욱 섹시하다. 믹스 앤 매치가 어렵다면 블랙 워커로 시작하자. 귀엽고 깜찍한 미니 원피스, 평범한 기본 재킷에 청바지, 페미닌한 롱 스커트를 입었다면 여기에 블랙 워커를 한번 매치해보자. 여성스러우면서 사랑스러워 보이는 믹스 앤 매치가 별로 어려울 것도 없다.

white one piece + black walker

black leather jacket + black skirt

black knit + denim hot pants

black knit + black walker

white t-shirts + black baggy pants

black leather jacket + gray pants

단아하고 우아한 코디를 해도 좋을 화이트 원피스에 힐이 있는 블랙 워커를 블랙 액세서리와 함께 매치하면 그야말로 시크한 스타일로 완성된다. 남성적인 가죽 재킷, 가죽 레깅스를 입고 워커를 신는다면 여성스러움을 더해줄 포인트 한 가지쯤 필요하다. 레이스 스커트나 헤어밴드 같은 아이템이 그런 역할을 해줄 것이다. 루즈한 블랙 니트에 핫팬츠를 입고 여름에도 부담 없이 변형된 샌들 타입의 블랙 워커를 신는다면 세련되고 여성스러운 스타일을 즐길 수 있다. 평범한 그레이 컬러의 트레이닝복에 라이더 재킷과 워커의 조합이 어색해 보일까? No. 편안함은 물론 내추럴하면서 시크해 보인다.

STYLE
NANDA

나는 패션이라는 주제로 강의를 할 생각이 없다.
나는 감각에 투자한다. 입고 즐겨라!

– 지아니 베르사체 Gianni Versace

외모가 아름다운 사람과 매력적인 사람은 분명 다르다.
매력적인 사람이 되기 위해서는 건강한 몸과 더불어 건강한 정신도 중요하다.
무조건 성형을 선택하기 전에 자신의 현재 외모에서 매력을 찾고,
자신의 삶을 긍정적으로 바라보는 마음을 갖춘다면 어떨까?

…… 중략

우리 역시 외모가 다가 아니라고 하면서 외모의 잣대로 타인을 이리 저리 재고 있지는 않는가.

– 이은아 외 지음, ≪매력 DNA≫ 중에서

위 글처럼 나 또한 겉으로는 "외모가 전부가 아니야."라고 말하면서
실은 외모의 잣대로 사람들을 평가하고 있는 자신을 종종 발견하곤 한다.
하지만 오직 여자들이 고객인 이 일을 시작하고 한 해 한 해 거듭해오면서 점점 더 느끼는 것은,
그저 '예쁘다'고 말하는 사람과 정말 '매력이 있다'고 말하는 사람은 다르다는 것이다.
자신의 몸을 아름답게 가꾸는 것은 정말 중요한 일이다.
하지만 그것만큼이나 자신의 마음을 가꾸는 일도 중요하다고 생각한다.
난 사람들에게 "자신 있게, 당당하게 자신을 꾸며라!"고 말한다.
자신 있게 나를 표현하는 일은 곧 건강한 마음에서 시작되는 일이라고 생각한다.
365일 다이어트와 성형을 고민하기 이전에 나 자신이 얼마나 고귀하고 사랑스러운 존재인지를 깨닫는 일이 먼저라는 뜻이다.
긍정적인 마음이야말로 매력적인 이미지를 만들어내는 첫 번째 '베이식 아이템'이 아닐까.

ACCESSORIES

심플한 베이식 아이템으로 스타일링을 마쳤다면 재미난 액세서리로 포인트를 주자.
알이 큰 뿔테 안경, 블링블링 목걸이 하나로도 할리우드 스타들 부럽지 않게 변신한다!

1 아래는 가죽, 위에는 캔버스가 더해져 캐주얼한 차림부터 클래식, 모던한 차림까지 두루 가능한 빅 토트 백. 2 악어가죽 패턴의 토트 백. 스트랩도 포함되어 있어 크로스로 매거나 반으로 접어 클러치 백으로 쓸 수 있다. 3 활용도 높은 블랙 가죽 백. 데일리 백으로 하나쯤 갖고 있어야 할 필수 아이템. 4 소지품을 넣으면 적당히 아래로 처지는 느낌이 멋스런 캔버스 백. 5 지갑으로 사용해도 좋은 클러치 백. 강렬한 레드 컬러를 포인트로 이용할 것 6 입구가 나무로 만들어진 독특한 클러치 백. 우아한 차림에 잘 어울린다. 7 스터드가 장식되어 펑키한 느낌을 주는 클러치 백은 심플한 옷차림에 원 포인트로 연출한다. 8 가방 끈의 길이도 은근히 유행을 탄다. 가방이 힙 선 옆에 오도록 끈을 살짝 길게 매면 시크해 보이는 숄더 백. 9 쇼핑백처럼 손에 들어도 멋지고 반으로 접으면 클러치 백으로 연출할 수 있는 빅 백. 10 끈이 실버 체인으로 만들어져 시원해 보이는 블랙 숄더 백. 수납이 넉넉해 실용적이고 캐주얼한 차림에 어울려 데일리 백으로도 좋다. 11 흔치 않은 구리 빛 골드 컬러가 포인트인 클러치 백. 서류가방 같은 투박함이 오히려 더 시크하고 여성스러워 보일 수 있다.

1 다양한 느낌의 손목시계. 로커처럼 스터드가 박힌 팔찌와 겹쳐도 멋스럽다. 팔목을 가늘어 보이게 해주는 골드나 실버 시계는 하나만 해도 고급스럽고 여성스러워 보인다. 2 두께감이 있는 기본 반지. 얇은 실반지 여러 개를 함께 매치해도 센스 넘쳐 보일 것. 3 선글라스와 오버사이즈 뿔테 안경. 평범하게 캐주얼한 스타일에도 포인트로 쓴 안경 때문에 스타일이 산다. 민낯일 때에도 적당히 커버해주는 고마운 아이템. 4 살짝 사이즈가 넉넉한 청바지와 어울리면 멋스러운 벨트, 클래식한 남자 벨트 모양이라서 더욱 시크하다. 5 특별한 장식이 없는 금속 팔찌나 가죽 팔찌는 다른 액세서리 없이 이 하나만 해도 멋진 아이템. 6 피어싱한 느낌을 주는 귀걸이는 록 시크를 연출하기에 제격. 오래된 듯, 묘한 빛깔의 빈티지한 귀걸이는 어떤 차림에나 스타일 업 시켜주는 필수 아이템.

알 없는 큰 안경, 남친도 들어갈 만한 빅 백, 얼굴이 다 둘러싸일 만큼 도톰한 머플러, 깜찍한 스튜어디스 스카프, 시크함이 묻어나는 굵은 팔찌, '소원을 들어줘' 빈티지한 왕반지, 포인트가 되어줄 벨트, 워커 위로 빼꼼히 올라오는 컬러 양말, 얼굴을 더 작아 보이게 만드는 커다란 링 귀걸이……

집안 구석구석 굴러다니는 귀여운 아이들을 모아 멋스럽게 매치해보기!

1 하나쯤 있으면 자주 신게 되는 독특한 워커 느낌의 토 오픈 웨지 힐. 글래디에디터의 강렬함과 은근한 여성미 모두가 느껴진다. 2 사랑스러운 초록색 스니커즈. 사실 그린 컬러가 의외로 많은 컬러들과도 쉽게 잘 어울린다. 3 기본 토 오픈 부티 슈즈. 복사뼈 위로 살짝 올라와 여성스럽고 심플한 스타일링을 완성한다. 4 기본 베이지 컬러에 펀칭된 디자인이 시원하고 예쁜 우드 굽 슈즈. 굽이 나무로 되어 있어 투박한 느낌이라 더 멋스럽다. 5 블랙 앤 화이트가 조화로운 투톤 단화. 기본 컬러가 믹스되어 있어 어디든 잘 어울리고 단정하면서 모던한 느낌을 준다. 6 스트라이프와 레드 컬러의 조합이 클래식한 마린 룩을 떠올리게 하는 백 오픈 펌프스. 7 우드 굽으로 된 워커 힐. 다양한 차림 모두에 어울려 활용도가 높은 아이템. 8 운동화 끈이 달린 단화는 매니시한 룩에서부터 단정한 오피스 룩에까지 어색하지 않게 모두 어울린다. 9 스터드 포인트 블랙 통굽 샌들. 옆 라인에 포인트를 주어 더욱 인상적이다. 10 단정하고 매니시한 느낌의 화이트 로퍼. 클래식한 룩에 제격. 11 심플한 디자인에 신으면 발등이 드러나 더욱 섹시해 보이는 힐. 미니스커트나 원피스, 배기 핏 팬츠와도 잘 어울린다. 12 스웨이드 소재 스트랩 힐. 두꺼운 굽 때문에 착용감이 편하다. 13 호피무늬의 웨지 샌들. 우드 굽으로 다소 딱딱하지만 섹시한 느낌을 연출. 14 굽이 높게 변형된 캐주얼 로퍼.

1 쫀쫀한 느낌에 사계절 사랑받는 기본 레깅스. 편안한 착용감과 날씬해 보이는 핏 때문에 인기가 식을 줄 모르는 아이템. 2 비비드 컬러, 파스텔 컬러 등 사랑스러운 느낌의 양말. 최근 구두나 운동화, 의상까지도 돋보이게 하는 잇 아이템이 되었다. 3 시크함의 상징인 페도라. 패션쇼가 끝나고 집으로 돌아가는 모델들이 대강 눌러 쓰듯, 머리에 얹어주기만 해도 멋스러움이 물씬. 4 방울 달린 털모자. 너무 유치하지 않은 컬러의 기본 털모자로 니트 짜임에 따라 고급스러운 느낌까지 준다. 5 머리를 땋은 모양의 머리띠. 풀어헤친 헤어보다 머리를 묶고서 했을 때 더 예쁘다. 일명 똥머리 스타일에도 최상의 조합. 6 시원한 블루 컬러의 활용도 높은 행커치프. 사이즈가 적당해서 머리에 묶는 리본으로, 스카프로, 재킷 포켓에 꽂는 행커치프로도 쓸 수 있다. 7 캐주얼한 차림에 어울리는 컬러 벨트. 하이 웨이스트 청바지나 배기 핏 청바지에 매치하면 귀엽고 발랄한 느낌을 준다.

STYLE NANDA

화려한 장식은 쉽지만 단순한 블랙원피스는 어렵다.
– 가브리엘 샤넬 Gabrielle Chanel

365일 다이어트 하기

지독한 다이어트, 마지막 다이어트, 끝장 다이어트……. 이번 만큼은 다이어트에 끝장을 보고야 말겠다는 뜻으로 시작하는 무서운 다이어트. 여자라면 한 번쯤 안 해본 이는 없으리라 생각이 든다. 바싹 마른 배를 끌어안고서도 "나는 하체가 비만이라서……."라며 떡볶이 한 조각을 조심스레 입으로 넣는 사람을 보고 있노라면 속으로 욕을 하다가도 돌아서면 자신의 몸을 거울에 비춰보게 된다. 하지만 야식보다 더 무서운 다이어트의 적이 바로 스트레스라는 사실. 아이러니하게도 우리는 체중계에서 내려오며 '다이어트 해야겠다!' 하고 느끼는 순간부터 이미 체중이 불은 것에 대해 스트레스를 받게 된다. 다이어트 방법으로 '무조건 굶기'는 우리나라 여성들이 가장 많이 쓰는 방법이다. 광고에 나와 피자조각을 맛있게 삼키는 연예인들을 보면서도 '실은 쟤네 쫄쫄 굶는다더라…….' 하며 결국 운동이 아닌 굶는 방법을 선택하고 만다. 물론 일시적으로는 그 효과가 가장 눈에 잘 드러나기 때문이기도 하겠지. 하지만 마냥 굶어야 하다 보니 친구들을 만나는 자리는 되도록 피하고 본다. 무조건 안 먹다 보면 얼굴빛은 점점 생기를 잃을 수밖에. 먹고 싶은 욕구를 참다가 생기는 스트레스 호르몬은 지방축적이 활발해지도록 돕는 역할을 한다고 한다. 결국 365일 다이어트를 해도 살이 빠지기는커녕 결국 살이 더 찌거나 푸석푸석해져 망가진 피부도 수습마저 안 되더라는 슬픈 이야기. 다이어트 실패담 중 가장 흔한 시나리오다. 덴마크 다이어트, 황제 다이어트, 바나나 다이어트, 원푸드 다이어트, 고구마 다이어트, 누군가 유행시켰다고 해서 아예 연예인 이름이 붙은 다이어트까지……. 마치 습관처럼 시도 때도 없이 다이어트에 돌입하는 하는 당신. 숱한 실패를 겪고 새로운 다이어트를 알아보고 있을지도 모른다. 1년 내내 변화하지 않고 똑같은 나 자신이 못마땅한가? 옷태가 나지 않아 옷 입는 데에 자신감을 다 잃어버리지는 않는지? "어떻게 꾸며도 나는 '살이 쪄서' 스타일이 나지 않을 거야." 하고 포기한지 오래라면? 나의 처방은 다이어트가 아니라 '똑똑한 스타일링을 배워라'다!

옷으로
똑똑하게 커버하기

영리한 사람은 건강을 해치면서까지 다이어트에
몰두하지 않는다. 누군가가 툭하면 식사를 거르며
"이 고통의 시간이 지나가면 44 size의 마른 몸을 갖게
될 거야"라고 자신을 위로하는 동안, 현명한 누군가는 건강하게
밥을 챙겨 먹고 운동을 하고 또 날씬하게 스스로를 스타일링할 것이다.
물론 결점을 커버하는 스타일링이 마법의 지팡이가 되어
당신을 '짠' 하고 팔등신의 신데렐라로 만들어주지는 않는다.
옷으로 커버하는 방법에는 분명 한계가 있고 날씬한 몸도
결국 '자기관리'라는 말은 백 번 옳은 말일 것이다.
다만 다이어트를 해야 한다는 스트레스로 인해 강박적으로 굶고
스스로를 비하하며 힘들어하지 않기를 바란다.
어쩌면 나를 망치는 것들은 작은 키와 늘어버린 체중,
삐져나온 살이 아니라, 다이어트에 목을 매느라
놓쳐버리는 소중한 것들이 아닐까? 조금만 관심을 가지면 옷으로
결점을 커버할 만한 쓸모 있는 지침들이 얼마든지 있다.
당당하게 즐겨라.
조금만 바꿔 생각하라.
당신은 이미 아름다워지고 있다!

Diet

Sexy Codi

Styling

Mentor Story

Make-up

STYLE NANDA

since 2004

1

NANDA STORY

진실은 통하게 되어 있다!

2004.11 오픈마켓에서 의류판매 시작
2005. 1 스타일난다 사이트 개설 www.stylenanda.com
2006. 4 2차 브랜드 난다걸 개설 www.nandagirl.co.kr
. 9 네이버 여성의류 인기도 1위
2007. 1 ㈜난다로 법인설립
. 2 인터넷 상표등록 스타일난다 stylenanda
      난다 nanda(등허청)
. 3 네이버(스타일난다)브랜드명 검색 월 70만 건 기록
. 5 랭키닷컴 및 각종 순위사이트 여성 보세의류 분야
      1위 및 상위권 랭키.
      인터넷 쇼핑몰 바코드 시스템 선두도입
. 8 ISO 9001 ISO 14001 인증 획득
. 10 3차 브랜드 세미난다 개설 www.seminanda.co.kr
2008. 5 하루 사이트 방문자 수 20만 명, 여성의류 1위 랭키
. 7 코스매틱 제품 개발 중

2009. 1 코스매틱 브랜드 3 concept eyes 런칭
. 6 신사옥설립
. 9 벤처기업 등록
.12 웹어워드 코리아 2009 패션/의류분야 우수상 수상
      지식경제부 장관으로부터 감사패 수여
      (우정사업발전에 기여한 공로)
2010. 5 통합콜센터구축, 미용렌즈개발
. 8 정보통신산업진흥원 eTrust 인증마크획득
.10 다국어 사이트 오픈(중국, 일본, 미국)
.12 네이버 검색수 2010년 12월 기준 973,305건
2011. 1 저작권위원회 스타일난다 CM등록
      한국여성경제인협회 여성기업 등록
      오프라인매장 준비 중
. 4 싱가폴 온라인 사업 진출

2
NANDA SKETCH

스타일난다는 어떤 기업인가요?

스타일난다는 인터넷으로 의류와 각종 패션잡화를 생산, 판매, 유통하는 전문 기업입니다. 2004년에 오픈 마켓에서 의류 판매를 시작으로 현재까지 인터넷 쇼핑몰 1위의 자리를 지키고 있습니다. 스타일난다의 구성원들은 뛰어난 감각, 창의적인 아이디어로 업계 선두주자를 달리고 있습니다.

회사 요모조모 둘러보기

상품기획실

인천시 부평에 베이스캠프를 둔 (주)난다는, 화이트 톤의 깨끗하고 널찍한 건물 안에서 1차적인 작업들이 이루어진답니다. 입구를 들어서면 잘 정돈되고 청결한 느낌을 받을 수 있는데, 모든 직원들이 부지런히 각자의 역할에 열중하는 모습을 볼 수 있어요.

300여 평 되는 대지에 지어진 6층짜리 사옥은 5, 6층은 물류창고, 3, 4층은 상품기획과 회계, 2층은 고객만족팀과 웹디자인 부서로 나뉘어져 있습니다.

높은 천장과 널찍한 바닥은 먼지도 하나 나오지 않을 만큼 깨끗해 보입니다. 또한 하얗게 색칠된 인테리어에 시원시원하고 강렬한 색채의 사무용품과 인테리어 소품들이, 역시 젊은 감각을 짐작할 수 있게 해줍니다.

CS팀

스타일난다의 장점인 고객관리. 그들만의 남다른 비법을 엿보고 싶다면 2층 고객만족센터를 보면 됩니다. 우선 천장에 매달린 마치 전광판 같은 커다란 LCD 모니터를 보면 깜짝 놀랄 것입니다. '전체콜 수, 연결 상태, 단순대기자, 콜 현황, 상담원의 상태(대기 중, 휴식 중, 통화 중)' 등 현재 상황을 실시간으로 고객만족팀 전원이 볼 수 있도록 해두었습니다.

난다를 찾는 고객의 요구에 즉각 반응할 수 있도록 완벽한 고객만족 시스템을 구축해놓고, 고객들이 절대 불편함을 느끼지 않을 수 있도록 1분 1초를 다투는 서비스 체제를 운영하고 있는 것입니다. 이것만 봐도 스타일난다가 가장 중요시하는 것이 바로 '고객'이며 질 좋은 상품만큼이나 고객의 편의를 우선한다는 것을 볼 수 있습니다. 이는 그들만의 커다란 성공 비법이기도 합니다.

물류관리센터

5층에 자리 잡고 있는 물류관리센터는 (주)난다의 핵심 성공 노하우 중 하나라고 할 수 있습니다. 현재 운영되고 있는 물류관리센터의 시스템은 약 2년에 걸쳐 갖은 시행착오 끝에 만들어졌습니다. 그런 만큼 다른 기업에서는 따라올 수 없는 노하우를 보유한 셈이기노 하시요.

이 시스템은 하루 4,000개의 박스가 포장되어 나가도 전혀 무리가 없을 만큼 완벽한 통합정보 시스템으로, 전에는 일일이 박스테이프를 붙이며 포장해야 했던 것을 전 자동화시스템으로 교체해 훨씬 편리하고 발 빠른 운영을 하고 있습니다. 포장이 완료된 박스는 5층부터 사옥 바깥에 대기된 운송차까지 쭈루룩 미끄럼틀을 타고 내려가 전 세계 (주)난다의 고객들에게 전달됩니다. 또한 서울 청담동에 별도의 스튜디오를 두어 촬영 및 기타 업무를 진행하고 있으며, 2011년에는 홍익대학교 근처에 오프라인 매장도 운영할 계획에 있습니다.

STYLE NANDA

since 2004

3
NANDA INTERVIEW

김소희 (주)난다 대표

누구보다 패션에 대한 열정이 남다른 김소희 대표. 온라인 시장이 더욱 치열해졌기에 그녀의 성공은 무엇보다 눈부십니다. 지름길이 아닌 끝없는 열정과 노력으로 일구어낸 성공이기에, 그녀의 길에 많은 이들이 박수를 보냅니다.
그녀는 스타일난다가 지금에 올 수 있었던 것도 '남다른

사랑, 열정으로 똘똘 뭉친
젊은 기업인! _ 김소희

패션'에 기인한다고 말합니다. 그녀는 끝없는 연구를 통해 스타일난다만의 새로운 '룩'을 선보이고 있습니다. 그녀는 여성의 마음을 어루만지고 여성들이 진정으로 '스타일 나게' 살 수 있도록 도와주기 위해 노력하는, 산 기업인이라고 할 수 있습니다. 그녀의 이야기를 들어볼까요?

스타일난다는 어떻게 이렇게 인기가 많을까요?

여성고객들은 '예쁜 것'에 열광합니다. 예쁜 것 위에 자신의 스타일을 표현할 수 있다면 더없이 좋겠지요. 우리는 정성을 다해 여성들이 열광하는 옷을 만들기 위해 애씁니다. 작은 아이템 하나가 그녀들을 돋보이게 만들어줄 수 있다면, 저는 언제나 그것에 올인할 준비가 되어 있습니다.

스타일난다가 추구하는 스타일이 궁금해요.

늘 정해둔 스타일은 없습니다. 한 가지 콘셉트를 정해놓으면 여러 가지 스타일을 보여주는 데에 아무래도 제약이 생기니까요. 저는 다양한 색깔을 보여주고 싶어요. 섹시하거나 시크

함, 귀여운 스타일 등이 모두 모여 있는 스타일난다 말이죠. 모두가 좋아할 수 있는 기본 디자인은 물론이고 빈티지한 감성도 우리가 추구하는 스타일이에요.
사실 많이 팔 수 있는 아이템만 갖추자면 아주 쉬워질 거예요. 하지만 매년, 매달 빠르게 변하는 패션 시장에서 가장 멋진 옷을 가장 빨리 소개해주고 싶은 게 스타일난다의 욕심이죠. 그래서 트렌드에 민감하게 대처하는 것 같아요. 더 바쁘게 움직여야 다양한 취향의 고객들을 충족시킬 수 있으니까요.

쇼핑몰을 운영할 때 특별히 주의할 점은 없나요?

무엇이든 거저 얻어지는 것은 없지요. 저는 제작부터 상품기획까지 모두 참여합니다. 특히 아이템의 퀄리티와 디자인에 많은 신경을 씁니다. 원천적인 요소가 충족되어야 마케팅도 효과적이라는 것은 불변의 진리이니까요.

예비 CEO들을 위해서
한 마디 해줄 말이 있다면요?

'돈을 벌겠다'는 목적으로 아무런 계획 없이 쇼핑몰 사업에 뛰어든다면 실망하고 힘만 들 수도 있어요. 저에게 이 사업은 '꿈'이죠. 꿈은 그 사람의 전부잖아요. 저처럼 다른 이들도 이 일이 돈을 벌기 위한 수단이기보다는 꿈을 이루기 위한 과정이 되었으면 좋겠어요. '즐기는 자를 이기지 못한다'라는 말이 있듯이, 일을 사랑하고 좋아한다면 저보다 훨씬 더 큰 성공을 이룰 수 있으리라 믿어요.

오미령 (주)난다 이사

소리 없이 강한 숨은 일꾼!
_오미령

(주)난다의 숨은 일꾼이 있다면, 단연 오미령 이사를 꼽을 수 있습니다. 직원들이 지치지 않도록 항상 버팀목이 되어주며, 어떤 어려움 가운데서도 꿋꿋하게 자신의 자리에서 최선을 다하고 있는 오미령 이사는, (주)난다가 여성패션 쇼핑몰 1위를 지키게 해준 1등 공신이라고 할 수 있습니다.

그녀의 이야기를 들어볼까요?

오미령 이사의 주요 담당 업무는 무엇인가요?

무엇보다 대표님이 옷을 고르고 코디하고 촬영하는 데 몰두힐 수 있도록 기타 업무를 보좌하고 있습니다. 100여 명 난다 직원의 인사, 노무, 영업, 마케팅, 회원관리, 대외업무, 제휴 등의 업무를 총괄하고 있지요. 제가 이 업무를 완벽하게 처리함으로써 저희 고객들이 더 좋은 퀄리티의 제품을 접할 수 있다는 생각으로 임하고 있습니다.

스타일난다의 주 고객층은 누구인가요?

스타일난다는 개성이 뚜렷한 옷이 많은 만큼 단품보다는 풀코디를 구매하는 고객이 많습니다. 그래서 10만 원대 소비층이 대부분입니다. 물론 100~200만 원 이상 구매를 하는 고객도 상당수입니다. 모델, 아이돌스타, 여자배우 등 연예인들도 많고요. 무분별하게 연예인 협찬을 하지 않았기 때문인지 개별적으로 연예인이나 스타일리스트들이 구매를 하는 경우가 많은 것 같습니다. 얼마 전에는 한 번에 2,000만 원어치를 구매한 고객도 있어 모두 깜짝 놀랐지요.

직원관리와 채용방법은 어떤가요?

저희 직원의 90% 이상이 20대 초중반 여성이에요. 남자직원을 채용하고 싶은데, 워낙 여자들이 많다 보니 오래 버티질 못하더라고요. 저는 직원에게도 비전을 주어야 한다는 생각으로 대합니다. 관리자는 부모여야 해요. 직원으로서 가질 수 있는 권리를 의무와 함께 가르칩니다. 특히 저희 대표님께서 늘 말씀하시는 '고객이 없으면 우리도 없다'라는 것을 가슴속 깊이 담아두라고 말합니다. 정직한 기업, 반칙하지 않고, 둘러 가더라도 정확한 길을 선택해야 한다고 늘 생각합니다.

화장품 사업과 렌즈 사업까지⋯⋯ 어떻게 시작하게 되었나요?

스타일난다는 화보 같은 사진으로 많은 이슈가 되었지요. 그렇게 사진을 찍다 보니, 대체 화장은 어떻게 했냐는 문의가 쇄도하기 시작했습니다. 물론 그 전부터 김 대표님과 저 또한 화장법에 대해 무척이나 관심이 많았지요. 그래서 현재 인기리에 판매되고 있는 3콘셉트아이즈 화장품을 만들기 위해서 갖은 노력을 했습니다. 여러 가지 연구와 실험을 하기도 했지요. 그렇게 해서 태어난 화장품! 처음 출시되자마자 완판 되었을 때의 그 희열은 지금도 잊지 못한답니다. 명품 화장품 못지않은 발색력은 전문가들도 인정할 정도니까요. 컬러렌즈 사업 또한 비슷하게 시작했고, 현재까지도 반응이 무척이나 좋습니다.

특별한 이벤드도 없는데, 꾸준한 인기의 비결은 무엇이라고 생각하세요?

퀄리티가 떨어지는 미끼 상품으로 고객을 낚는 것보다, 항상 최고의 퀄리티의 상품으로 한결같이 고객에게 보답하는 것이 진정한 이벤트가 아닐까 합니다. 저희는 팝업이 지독할 정도로 없는 회사라고 하지만, 저희 상품은 고객들이 가장 잘 볼 수 있도록 서비스를 제공하고, 방문객들이 편하게 제품을 선택할 수 있도록 도와줍니다. 주 고객층인 20대에게 10만 원대의 돈은 큰 것일 수 있잖아요. 그래서 상품 교환을 요구하면 마음에 들 때까지 교환해줍니다. 그것이 저희의 경쟁력이 아닐까 합니다.

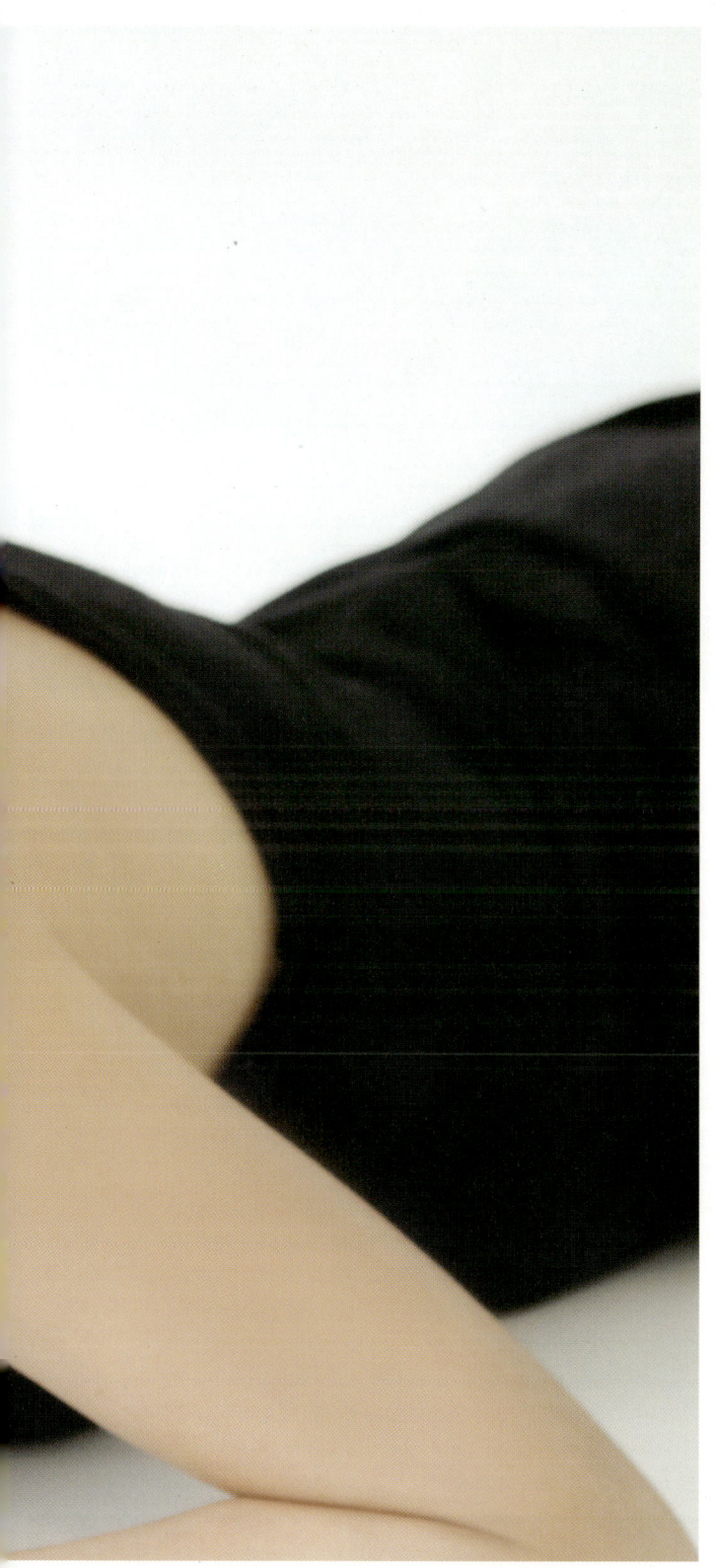

STYLE NANDA

www.stylenanda.com
since 2004

Part 2
섹시한 여자

You Are So Sexy, Tonight!

여성들은 원초적으로 섹시합니다.
가끔 정말 섹시한 여성을 봤을 때
그녀가 무엇을 입었는지조차
기억할 수 없을 때도 있었으니까요.

– 알렉산더 맥퀸 Alexander Mcqueen (디자이너)

내 남자친구는 호피 무늬를 싫어한다?

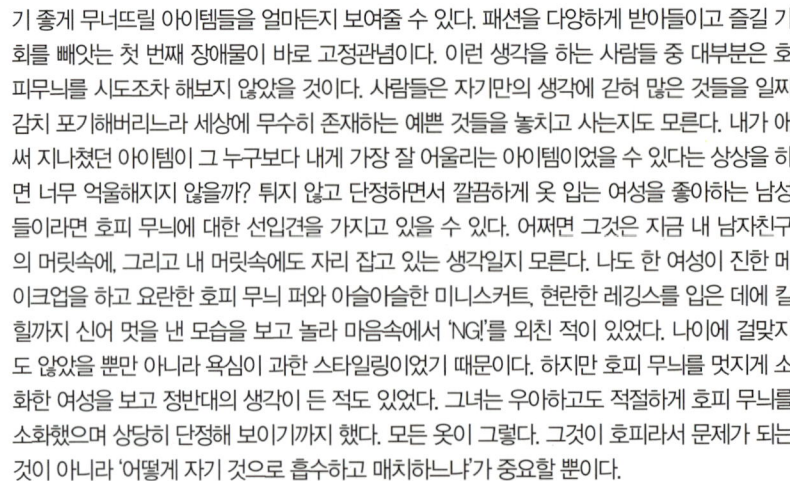

호피는 억울해

호피 무늬를 바라보는 세 가지 시선이 있다.

1. 호피 무늬는 강하고 세 보이는 인상을 준다.
2. 호피 무늬는 고급스럽게 연출하기 어려운 아이템이다.
3. 호피 무늬는 단정하고 귀여운 느낌이 없다.

나는 이 생각들이 고정관념에 지나지 않는다는 사실을 말하고 싶다. 그리고 이런 생각들을 보기 좋게 무너뜨릴 아이템들을 얼마든지 보여줄 수 있다. 패션을 다양하게 받아들이고 즐길 기회를 빼앗는 첫 번째 장애물이 바로 고정관념이다. 이런 생각을 하는 사람들 중 대부분은 호피무늬를 시도조차 해보지 않았을 것이다. 사람들은 자기만의 생각에 갇혀 많은 것들을 일찌감치 포기해버리느라 세상에 무수히 존재하는 예쁜 것들을 놓치고 사는지도 모른다. 내가 애써 지나쳤던 아이템이 그 누구보다 내게 가장 잘 어울리는 아이템이었을 수 있다는 상상을 하면 너무 억울해지지 않을까? 튀지 않고 단정하면서 깔끔하게 옷 입는 여성을 좋아하는 남성들이라면 호피 무늬에 대한 선입견을 가지고 있을 수 있다. 어쩌면 그것은 지금 내 남자친구의 머릿속에, 그리고 내 머릿속에도 자리 잡고 있는 생각일지 모른다. 나도 한 여성이 진한 메이크업을 하고 요란한 호피 무늬 퍼와 아슬아슬한 미니스커트, 현란한 레깅스를 입은 데에 킬힐까지 신어 멋을 낸 모습을 보고 놀라 마음속에서 'NG!'를 외친 적이 있었다. 나이에 걸맞지도 않았을 뿐만 아니라 욕심이 과한 스타일링이었기 때문이다. 하지만 호피 무늬를 멋지게 소화한 여성을 보고 정반대의 생각이 든 적도 있었다. 그녀는 우아하고도 적절하게 호피 무늬를 소화했으며 상당히 단정해 보이기까지 했다. 모든 옷이 그렇다. 그것이 호피라서 문제가 되는 것이 아니라 '어떻게 자기 것으로 흡수하고 매치하느냐'가 중요할 뿐이다.

이토록 사랑스러운 호피 무늬

애니멀 프린트는 그 자체가 야생동물로부터 모티프를 얻었기 때문에 생생한 야성미가 있다. 그래서 레오퍼드(Leopard)나 지브라(Zebra), 뱀피무늬 등은 강렬하고 세 보이는 느낌 때문에 선뜻 고르기 어렵다는 사람들도 많다.

하지만 호피 무늬를 비롯해 애니멀 프린트 아이템들은 사실 놀라울 정도로 인기가 많다. 쇼핑몰을 운영하는 동안, 여성들의 '호피 사랑'은 사계절 내내 체감할 수 있다. 호피 무늬는 소위 '잘 나가는' 아이템이다. 호피 마니아층이 확실히 형성되어 있는데다 최근에는 애니멀 프린트를 다소 어렵고 부담스러워하는 사람들도 편하게 느낄 수 있도록 다양한 디자인들이 나오고 있다. 세상에는 정글의 왕자 타잔과 제인이 입었던 호피만 있는 것이 아니다. 일반적으로 볼 수 있는 오리지널 호피 컬러 외에도 핑크, 그린, 화이트처럼 다채로운 컬러에 팝 아트 요소를 믹스한 독특한 패턴들이 쏟아져나오고 있다. '이게 정말 호피 무늬야?' 하는 말이 튀어나올 만큼 사랑스럽고 귀여운 컬러와 패턴들도 많다.

늘 그렇듯 정답은 없다! 어떤 아이템이든지 스타일링하기 나름이다. 누가, 어떤 장소에서, 어떤 방식으로 매치하였는지에 따라 아름답게도, 저급하게도 보일 수 있는 것이다. 호피무늬만 보면 정글의 치타라도 마주한 것처럼 피해왔던 당신이라면 더욱 추천해주고 싶다. 호피무늬의 색다른 매력을 느낄 수 있을 것이다!

ITEM
SEXY

관능적이며 비밀스러운
블랙의 매력

블랙이란 컬러가 없었다면
세상 그 무엇도 섹시할 수 없었을 거야!

모든 컬러를 섞으면 블랙에 가까워지듯,
블랙은 모든 매력을 지니고 있다.
단정하면서 섹시하고 우아하면서 거칠다.
그래서 재미있는 컬러다.
섹시한 스타일링에 블랙 컬러는 단연 탁월하며 무난하다.
하지만 역시 한꺼번에 다 드러내려는 사람은 재미없듯,
노출은 적당히!

오늘은 섹시한 여자?

Back to the 1970's

글래머(Glamour)라는 단어는 유독 우리나라에서 몸매가
풍성한 여자(특히 가슴)를 두고 많이 쓰는 말이다. 하지
만 사실 이 말은 가슴과 힙이 볼록하다는 식의 단편적
인 의미로 해석해선 안 된다. 혹 외국인 친구가 당신에
게 글래머러스(Glamorous)하다고 말했다면 그 말은 화
려하고 매력이 넘친다는 칭찬이다. 매혹적이고 여성스러우
며 섹시한 여자로 변신하기, 70년대를 풍미한 글램 룩(Glam
look)에서 그 해답을 훔쳐보자. 60년대의 히피문화를 모태로
한 스타일답게 더없이 자유롭고 화려하며 여성의 몸을 가장
아름답게 표현할 줄 아는 비법이 숨어 있다!

70년대에서 훔친 섹시 스타일, 글램 룩

최근 패션계는 물론이고 가요계나 문화계 전반에 복고열풍이
불어 닥쳤다. 그 중 70년대 글램 룩에는 과장되지 않고 우아
하면서 섹시한 여자로 변신하기 위한 요소들이 숨어 있다. 은
근하게 몸매를 드러내 여성성 그 자체를 그대로 보여주는 코
디방법이 그것이다. 보디라인을 따라 부드럽게 흘러내리는
실루엣은 여성을 그 어떤 모습보다도 섹시하게 돋보
이도록 만들어줄 것이다. 그래서 글램 룩은 아름다
운 여성의 몸을 가장 잘 이해한 스타일들로
가득하다.

1970년대는 문화적으로 가장 자유로웠
던 시기였다(물론 미국이나 영국과 같은
서양의 이야기이다). 편안함과 자유분방함
을 추구한 보헤미안 룩(Bohemian look)도
그들의 록큰롤 문화와 맞물려 크게 사랑받
았다. 패션계에서는 이브 생 로랑(Yves Saint
Laurent)과 같은 전설적 디자이너의 활동이 매우 활발했던
시기이며 이러한 디자이너들의 수많은 뮤즈들이 존재했던 때
였다. 에너지 넘치는 70년대 무드가 다시 주목받는 이유도 이
때문이다. 당시의 패셔니스타들은 일명 비타민 컬러로 불리
는 화려한 과일 빛 컬러들과 에스닉풍의 강한 프린트, 광택
있는 실크나 공단을 대담하고 섹시하게 즐겼다. 여성의 아름
다운 굴곡을 살려주는 스타일링만큼 섹시함을 최고로 극대화
시키는 방법도 아마 없을 것이다. 최근 연예계에서도 깡마른
몸매보다는 탄탄하고 풍만한 몸매를 자신 있게 드러내 건강
미를 발산하는 스타들이 더욱 주목받고 있다. 남자들은 너무
마른 몸매의 여자보다 적당히 똥배가 나온 여자의 몸을 더 섹
시하게 느낀다. 풍요와 다산의 상징이었던 비너스
석고상이 재조명 받을 때가 온 것이 아닐까?
뱃살을 숨기느라 티셔츠를 바지 밖으로 빼 입고
카페에 앉아 배를 가릴 쿠션부터 바쁘게 찾는
행동은 이제 그만! 글램 룩의 필수 아이템인
하이 웨이스트 팬츠로 당당하게 뽐내 힙 라
인을 슬쩍 드러내자. 70년대가 사랑한 비비
드 컬러가 부담된다면 날씬 코디의 정답인
블랙부터 차근차근 시작하는 것도 방법.
그리고 몸에 핏 되며 속이 살짝 비치는
블라우스를 입어 상상력을 자극시켜라.
알 듯 말 듯, 관능적인 당신의 매력에
누군가는 서서히 물들어갈 것이다!

My Wannabe

섹시 블랙 아이템
Sexy Black Item

시스루 룩
See Through Look

파티 퀸
Party Queen

it Styling

고양이 눈매 렌즈
Cat's Eyes Lenses

섹시 스모키 메이크업
Sexy Smoky Make-up

SEXY BLACK ITEM

섹시 블랙 아이템

소재감이 좋은 **블랙 블라우스**는 활용도가
그 무엇보다 높은 일당백 아이템.
무난한 결혼식 의상으로, 각종 경조사 자리에.
학교나 회사를 다닐 때 평소 의상으로도 딱이다.
퍼프가 살짝 봉긋하고 소매가 독특한 블랙 블라우스와
여성미 물씬 넘치는 레이스 쇼트 팬츠를 매치해
흔하지 않으면서 섹시한 스타일링을 연출했다.
우아한 레이스가 다리를 시원하게 드러내자
관능적으로 느껴진다. 올 블랙 코디가
답답해 보이지 않도록 입술은 레드 컬러로 강조하고
발목이 훤히 드러나는 블랙 스트랩 웨지 슈즈로 마무리!

어리는 살짝 잔머리를
내어 자연스럽게
묶어주기

확실한 인상을
심어주는
레드 컬러 립

어깨 봉긋,
여성스러우면서
고급스러운 느낌의
블랙 블라우스

적당한 사이즈의
블랙 컬러 클러치백을
멋스럽게 손에 들기

시원시원하게
느껴지는
스트랩 웨지 슈즈

컬러를 통일할 때에는 상의와 하의, 아우터 등 각 아이템의 소재를
한 가지 원단으로 통일하기보다 미세하게 차이를 두는 것이 좋다.
모두 광택이 나거나 모두 흐르는 느낌의 원단이라면
자칫 촌스러워 보일 수 있다. 컬러에도 다양한 이름이 있는 것처럼
소재에 따라 원단 고유의 톤이 있어 느낌이 모두 다르게 나타난다.
특히 재킷과 같은 아우터는 고급스러워야만 스타일이 산다.
실켓 느낌의 하늘거리는 큐프라 원단 재킷은
얇은 소재로 여성스러운 실루엣을 보여준다.
재킷 소매는 살짝 접어주고
블랙 액세서리를 착용하면 팔목이 가늘어 보인다.

올블랙 코디에
생기를 불어넣는
레드 립 컬러

쇄골 라인이
예쁘게 드러나는
블랙 U넥 티셔츠

컬러를 통일하여
더욱 세련된 블랙 팔찌
(얇은 것들은 겹쳐 연출해도 멋스럽다)

실키한 원단 느낌이
고급스러운 블랙 재킷

어디에나 어울리는
필수 아이템,
심플 블랙 스커트

루즈한 느낌이
앰시 있는 빅 백

심플하면서도
독특한 느낌의
오픈 토 힐

JUST TRY IT, NOW!

블랙은 그 자체로 섹시하다. 또한 항상 옳다! 올 블랙으로 연출한 여성에게는 당당함과 카리스마를 넘어 섹시한 매력이 넘친다. 자신을 멋지게 드러낼 줄 아는 여성은 일할 때도, 놀 때도, 사랑할 때도 화끈하고 열정적일 것이 분명하다. 뜨거운 태양이든, 화려한 조명이든, 또한 강렬한 남자들의 시선이든, 모든 것을 집어삼킬 것 같은 블랙. 그렇다, 섹시한 블랙은 항상 옳다!

white shirts + black skirt

black trench coat + black t-shirts

black one piece + black jacket

black t-shirts + black jacket

yellow long dress + black jacket

black one piece

레깅스와 스커트가 블랙 컬러에 망사일 경우 과하면서도 은근한 섹시함을 보여주지만, 상의를 모던한 화이트 셔츠와 매치해 과한 느낌을 살짝 누른다. 벙벙한 블랙 롱 트렌치코트 안에는 같은 컬러 미니 원피스로 슬림함을 살린 뒤 컬러 양말로 포인트를 주는 것도 센스 넘친다. 풍성한 재킷으로 상의를 풍성하게 보이게 해서 상의를 볼륨을 줬고 허리 라인이 살짝 들어가고 어깨 부분이 예쁘게 솟은 재킷은 어깨와 기본 재킷보다 특별히 더 날씬해 보이는 효과를 줄 것이다.

〈마이 블랙 미니 드레스〉란 영화도 나왔다. 여성에게 블랙 미니 드레스는 행복한 판타지다. 반짝거리는 보석 반지도 우아한 진주 목걸이도, 블랙 미니 드레스와 만나면 더욱 빛이 난다. 업 헤어스타일이든, 어깨 위에 자연스럽게 풀어둔 스타일이든 역시 마법처럼 어울릴 것이다. 여기에 블랙 킬 힐로 마무리를 한다면? 한없이 클래식하면서 한없이 섹시하고 한없이 아름다운 블랙 미니 드레스. 앞으로 500년이 더 지나서도 아름다운 아이템으로 남아 있을 것 같다.

black fur jacket +black leggings

black fur jacket +black long skirt

black shirts

black fur jacket +black hot pants

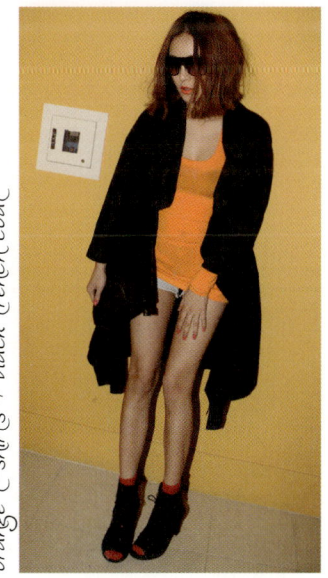

orange t-shirts + black trench coat

black top + skinny denim pants

풍성한 퍼에 레깅스를 매치하면 드라마틱하게 다리가 늘씬해 보인다. 와일드한 느낌의 가죽 롱 스커트도 두말할 것 없이 섹시한 아이템인데, 앞에 지퍼로 열 수 있는 트임이 있어 슬쩍 보이는 다리선 때문에 더욱 섹시해 보일 것이다. 힙을 살짝 덮는 길이에 허리에 끈이 있는 블랙 셔츠는 매치하는 방법에 따라 재킷과 원피스의 느낌도 가능하니 이 한 장으로 여러 느낌을 낼 수 있다. 너무 올 블랙에만 매달리기보다 포인트를 주어 강렬한 레드나 오렌지 같은 컬러를 추가해 생기 있고 섹시한 룩을 완성하자.

SEE THROUGH LOOK

시스루 룩

섹시함에는 양면성이 있다. 최소한의 옷만 입은 듯
아슬아슬한 차림의 여자에게 관능미를 느낄 수도 있지만,
==목부터 발끝까지 모두 갖춰 입고 은근슬쩍 드러낸 어깨선에서==
==우아한 섹시함을 발견하는 남자가 훨씬 많을 것이다.==
모두 노출하는 것이 아니라 적당히 감추고 희미하게 보여주어
상상하게 만들기. 시스루 룩이 가진 매력이다.
퍼로 이루어진 맨투맨 티에 레깅스를 신어 원피스처럼
연출했지만 여성스러움이 물씬 풍기는 것은 바로 어깨 디테일
때문. 어깨부터 등까지 망사로 이루어져 있어
다소 부해 보일 수 있는 퍼가 오히려 날씬해 보인다.

부드러운 퍼와 망사로 이루
어져 어깨가 살짝 드러나는
맨투맨 티

맨투맨 티와 비슷한 스낌으로
연출한 클러치 백은
무심하게 손에 들기

통성한 퍼에 대비되어
더욱 날씬해 보이도록.
블랙 레깅스

김연아의 스케이트처럼
에지 있어 보이는
워커 스낌의 블랙 슈즈

어깨 부분이 반짝이는 망사로 이루어진 블랙 티셔츠와
살랑거리는 쉬폰 스커트의 매치가 검은 백조의 호수 속
발레리나처럼 우아하면서도 귀여운 섹시함을 느끼게 한다.
레깅스 역시 망사로 이루어져 어깨, 다리 모두 속이 들여다 보이는
시스루 연출로 도발적이다. 쉬폰 원단을 여러 겹 덧대어
길이가 다른 언밸런스 스커트가, 걸을 때에 하늘거려
더욱 섹시해 보일 것이다. 여기에 아이 메이크업은
가벼운 스모키 화장으로 연출하고
핑크 베이지나 톤 다운된 립 컬러를 사용해 입술을 완성하자.

펄이 함유된 망사가
어깨를 이루고 있는
블랙 티셔츠

여러 장을 덧대어
언밸런스한 길이의
여성스러운 쉬폰 스커트

블랙 컬러를
살짝 입은 살빛이
섹시한 망사 레깅스

헤어 컬러와 맞추어
컬러 수를 제한,
센스만점 밝은 브라운 우드 힐

JUST TRY IT, NOW!

섹시해 보이기 위해서는 많이 벗지(?) 말고 '잘' 벗어야 한다. 섹시함이란 여성성을 최대한 발휘할 때 나타나는데, 신체의 아름다움을 과하지 않게, 똑똑하게 드러내는 것만큼 좋은 방법이 어디 있을까? ≪스타일난다≫를 따라 과감하고 당당하게 도전해보자. 자칫, 다이어트 의욕이 불타오를지도 모르겠다.

red knit + black long skirt

white t-shirts + black leather jacket

white t-shirts + denim hot pants

white t-shirts + black skirt

black t-shirts + green trench coat

white one piece

망사로 된 발레리나 롱 스커트는 힐 대신 운동화나 단화로 믹스 앤 매치하자. 너무 높은 힐을 신는다면 긴 스커트가 거추장스러울 수 있기 때문이다. 게다가 가벼운 운동화는 활동에도 편하고 귀여우면서도 섹시한 느낌으로 스커트를 더욱 돋보이게 한다. 글로시한 재질의 스타킹은 다리를 더욱 강조하고 싶을 때 연출해보자. 타이트한 블랙 미니 원피스에 반짝이는 스타킹은 포인트가 되어 더욱 멋스럽다. 아래로 흐르듯 살랑거리며 떨어지는 옷들은 특히 시스루 의상과 잘 매치된다.

18세기 초, 살이 비치는 드레스를 프랑스 상류층 여인들이 즐기면서 시작되었다는 시스루 룩. 은근한 이 아름다움의 묘미를 중세시대 여인들은 이미 알았던 것이다. 시스루라고 하면 쑥스럽고 민망하거나 어렵게 생각하는 여성들도 많을 텐데, 옷 전체가 레이스나 망사로 이루어진 게 아니라 부분적으로 덧대어져 접근하기 쉬운 아이템으로 시작하자.

black t-shirts + black long skirt

white jacket + beige baggy pants

white t-shirts + white long shirts

black t-shirts + black long skirt

white t-shirts + beige long skirt

white shirts + high waist white pants

완전 과감한 시스루 롱 원피스를 힙까지 가리는 민소매 티셔츠를 덧대 입어 시도해보자. 여기에 살짝 허리 라인이 들어간 재킷과 매치하면 시크하면서도 다리 실루엣이 확 드러나 섹시함이 극대화될 것이다. 시스루 룩의 묘미는 반대 컬러의 속옷을 입어 도발적인 느낌을 살리는 것! 팔 안쪽 부분에 레이스가 덧대어진 화이트 블라우스는 여성스러움이 물씬 풍기면서도 순수한 느낌이 드는데, 은근히 비치는 브라 컬러가 섹시해 보인다. 원피스이자 롱 재킷, 셔츠의 느낌을 모두 살리는 린넨 소재의 화이트 롱 재킷은 시원한 느낌을 준다. 이런 독특한 아이템은 한 벌로 섹시함과 우아함, 발랄함 등 다양한 연출이 가능하다.

PARTY QUEEN

파티 퀸

평소 얌전한 척, 조용한 척하던 언니들도 이 날만큼은
내숭 빼고 즐기자, Party Tonight!
드레스 코드가 정해진 동호회 와인 파티, 재치만발 할로윈 파티,
친구들과 화끈하게 즐기는 크리스마스 파티 등
그 어떤 파티에서도 여왕의 자리를 내주지 말 것!
오늘 밤 주인공은 당신이 되어야만 한다.
베스트(Vest) 형태의 호피 탑을 타이트한 하이 웨이스트
니트 소재 반바지에 레깅스를 함께 매치하면 은은한 조명 아래에서도
상의가 아름답게 부각 될 것이다. 허리를 강조하고 짧은 탑을
입었기 때문에 다리가 길어 보이는 것은 물론이다.
여기에 빅 리본 머리띠는 섹시함에 귀여움을 더해준다.

섹시한 스타일링에
귀여움을 더하는
빅 리본 헤어밴드

시즌 꽃처럼
예쁜 컬러의
레드 귀걸이

세렝게티의 와일드함이
살아 있는 호피 무늬 탑

니트 소재 하이 웨이스트팬츠와
레깅스를 함께 입어
더욱 날씬하게 연출

JUST TRY IT, NOW!

라운지 음악을 즐기며 이야기를 나누는 우아한 분위기의 파티든 어깨를 들썩이며 춤을 즐기는 댄스파티든 한껏 즐길 마음을 갖는 것이 파티에서 가장 필요한 애티튜드일 것! 파티장에서 아무도 상대해주지 않아 파트너가 없는 사람을 서양에서는 월플라워(Wallflower)라고 하는데, 모두가 들떠 함께 어울리는 자리에서 왕따라니, 있을 수 없다! 잘 모르는 사람과도 먼저 다가가 웃으며 인사하자.

gray t-shirts + black hot pants

pale purple dress

blue one piece

black top + black pants

black t-shirts + black long skirt

black dress

등이 루즈하게 확 파여 반전이 있는 니트는 블링블링 뻔한 파티 의상들 속에서도 캐주얼하면서 발랄해 보일 것이다. 우아함을 뽐내고 싶은 파티라면 등과 힙 라인이 그대로 드러나는 실켓 롱 원피스를 선택한다. 끈으로 허리선을 묶어 몸의 굴곡이 더욱 아름답다. 밝은 립 컬러와 새틴 소재의 광택 나는 원피스 컬러를 선택하면 이것만으로도 화려한 조명 속에서 주목받을 수 있다. 우아하면서 관능적인 탑 드레스는 키가 큰 사람에게도 잘 어울리는 아이템. 투박하고 굽 낮은 워커가 드레시함을 살짝 눌러주어 더욱 멋스럽다.

프랑스 혁명과 폼페이 발굴은 서로 맞물리며, 혁명 세력을 위한 복식을 낳게 한다.

바로 엠파이어 스타일(Empire Style)이라 불리는 모슬린 드레스이다.

이 옷은 살이 다 비치는 소재로 만들어졌고, 여성의 몸선을 자유롭게 드러내며 행동의 편의성까지 제공했다.

이것은 순수하고 명쾌한 혁명정신을 표상하는 일종의 기호로서 등장했다.

이 당시에 여성들 사이에서는 '누가 가장 최소한으로 입을 수 있는가'에 대한 경쟁까지 생겨났다고 한다.

잘 차려입는 것보다 '잘 벗은 것'이 미덕이 되어버린 셈이다. 사교모임에서는 여자들의 옷 무게를 재는 게임도 생겨났다.

그런데 문제는 바로 이러한 단순한 모드의 유행이 당시 프랑스의 견직물 공업에 치명적이었다는 것이다.

나폴레옹은 건축 및 군사정복과 더불어 프랑스 섬유산업의 발전과 진흥에 많은 관심을 가지고 있었다.

그러니 이런 단순한 모드의 유행은 나폴레옹의 눈에 곱게 보이지 않았을 것이다.

살롱의 난롯불을 끄고 튈르리 궁전의 굴뚝을 막는 등 어마어마한 강경조치에도 불구하고

상류층 여인들은 추위에 떨면서도 모슬린 드레스를 고수했고, 이 결과 6만 명에 달하는 인플루엔자 환자들이 발생했다고 한다.

여성의 신체가 표현할 수 있는 최고의 매력을 발산하기 위해 속이 비치는 소재를 이용한 이 패션은 시스루(See-through) 패션의 원조가 된다.

시대의 흐름과 당대의 정신성을 통해 이 테마가 어떻게 변화하고 진동하는지를 살펴보는 일은 흥미로울 것이다.

김홍기 지음, ≪샤넬, 미술관에 가다≫의 '영원히 죽지 않는 패션 테마 : 로맨틱 & 심플리시티' 중에서

추위 속에 오들오들 떨지언정 스타일은 포기 못하는 여성의 고집만큼은 시대가 바뀌어도 그대로인 것 같다.

조금 귀찮아도, 조금 불편해도, 혹 남자친구가 이해해주지 않더라도 우리는 예뻐지기 위한 투쟁을 멈추지 않을 것이다.

나폴레옹이 와서 굴뚝을 막고 군대를 동원해 "그 섹시한 블라우스는 앞으로 절대 입지 마시오!" 한다거나

"그 아찔한 하이힐 위에서 당장 내려오시오!"라고 윽박지른다 해도 우리는 절대 양보할 수 없다.

그건 마치 우리 존재의 이유를 부정하는 것과 다름없으니까!

여자는 아름답기 위해 태어난 사람들이다.

그러니까 '천생 여자'라는 말은 천생 어여쁠 수밖에 없는 우리를 두고 한 말인 거다.

미스 엘리자베스 아덴(Miss Elizabeth Arden) 여사도 말하지 않았던가.

모든 여성은 아름다워질 '권리'가 있다고!

3 COLOR LENSES

style nanda

당신 눈동자에 건배!
신비한 다이아몬드를 품은 고양이 눈처럼,
사랑스럽고 순진하게 웃는 강아지 눈처럼.
별빛이 숨은 듯,
반짝이는 눈빛의 비밀은?

Make Black Cat's Eyes by soft contact lens

까맣고 또렷한 눈매, 한 번 보면 절대 잊혀지지 않을 강렬한 인상을 만들어주는 포인트 스타일링! 블랙 헤어, 섹시 룩과 더욱 잘 어울린다.

 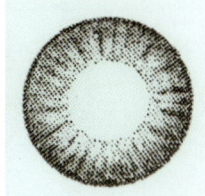

black01

MILKYWAY THE BLACK

밀키웨이 더 블랙

은하수를 들여다보는 것처럼 은은한 패턴이
내츄럴하면서도 선명한 눈동자를 연출해준다.

 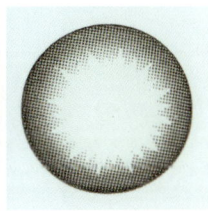

black02

BUBBLE BLACK

버블 블랙

전체적으로 연하게 그라데이션되어 있다.
중간 톤의 연한 컬러라 자연스럽다.

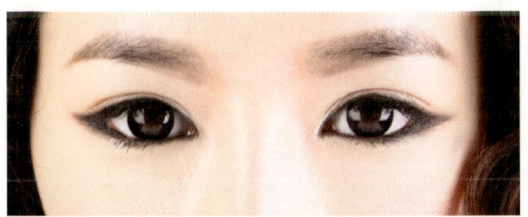 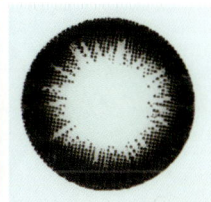

black03

STYLE BLACK

스타일 블랙

진한 블랙.
눈동자가 상당히 또렷해 보여 진한 헤어 컬러
와 핫한 스모키 메이크업에 어울린다.

 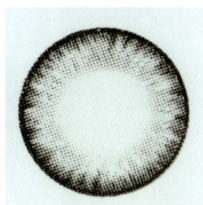

black04

NATURAL FINE BLACK

내츄럴 파인 블랙

렌즈를 낀 듯 안 낀 듯, 부담스럽지 않게 큰 눈
동자를 연출하기 원할 때 제격이다.

 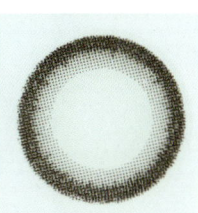

black05

PURE BLACK

퓨어 블랙

적당한 중간 톤이다. 자연스럽게 눈동자를
또렷하게 만들어준다.

 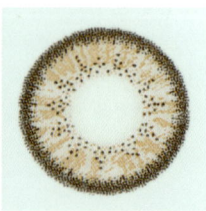

brown01
FANTASTIC SOLID BROWN
판타스틱 입체 브라운

서클라인이 눈동자를 또렷하게 잡아주면서
밝은 브라운 컬러가 자연스러운 눈을
연출해준다.

brown02
GLOSSY REAL BROWN
글로시 리얼 브라운

과장되지 않고 무난한 캣츠 아이.
신비로운 느낌을 주는 브라운 컬러 렌즈.

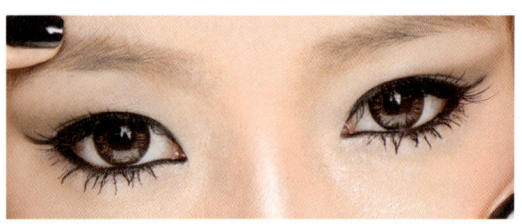 

brown03
BLING-BLING MULTI BROWN
블링블링 멀티 브라운

자연스러운 느낌의 서클라인과 브라운 컬러가
선명한 눈매를 연출해주어 인기 만 점.

brown04
SUGAR BROWN
슈거 브라운

진한 테두리가 눈동자를 선명하고 또렷하게
표현한다. 깊은 눈매를 연출할 때 좋다.

 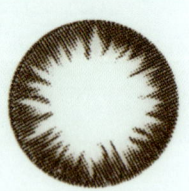

brown05
SUPERSTAR BROWN
슈퍼스타 브라운

어두운 톤이라 더욱 자연스러운 다크 브라운
컬러.

brown06
CHOCOLATTE HONEY BROWN
초코라떼 허니 브라운

중간 톤의 브라운 색상이 그라데이션되어
부드럽고 그윽한 눈매로 변신시켜준다.

Make Brown Cat's Eyes by soft contact lens

수줍은 듯 매혹적인 브라운 컬러 아이즈! 보면 볼수록 빨려 들어가는
그녀의 마법 같은 눈매, 자연스러운 스모키 메이크업으로 더욱 돋보인다.

Make, Gray Cat's Eyes by soft contact lens

백색묘안초 검정. 회색 눈빛은 묘한 마력을 지닌다.
부드러운 듯 가슴을 파고드는 매혹적인 인상, 완벽한 고양이 눈매를 연출한다.

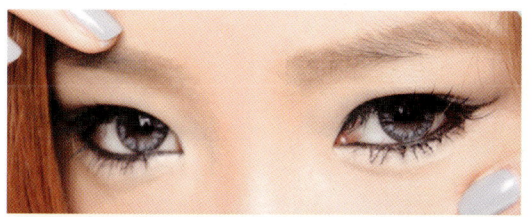 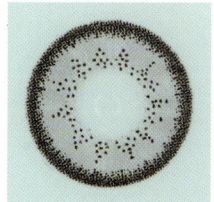

GRAY01

FANTASTIC SOLID GRAY
판타스틱 솔리드 그레이

진한 블랙 테두리가 그레이 색상과 자연스럽게 어우러지면서 오묘하고 신비한 느낌을 준다.

 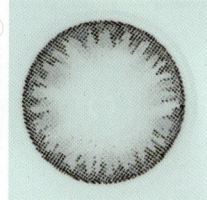

GRAY02

VIVA GRAY
비바 그레이

그레이와 블랙, 투톤으로 구성되어 살짝 블랙에 가까워 진한 편. 빠져들 것만 같은 고양이 눈매가 완성된다.

GRAY03

BLING-BLING SOLID GRAY
블링블링 입체 그레이

블링블링, 눈동자 안에 조명을 밝힌 듯 고혹적이디. 시선을 촥 시로잡을 만한 아이템.

 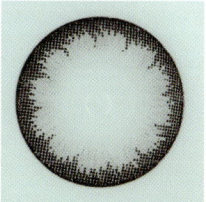

GRAY04

DISCO GRAY
디스코 그레이

자연스러우면서 은은한 그레이 컬러를 원한다면 선명한 블랙 테두리가 한층 부드러워 보인다.

 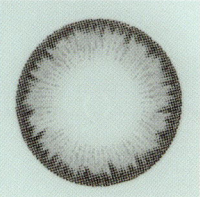

GRAY05

GLOSSY REAL GRAY
글로시 리얼 그레이

깊은 스모키 메이크업에 어울리는 밝은 그레이 컬러. 그윽하게 연한 푸른빛이 느껴져 더욱 독특하다.

 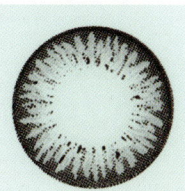

GRAY06

PARTY GRAY
파티 그레이

어두운 그레이와 블랙 테두리가 만나 눈동자를 예쁘게 그려준다. 눈동자에서 깊은 바다 속을 들여다보는 것 같다.

BLACK SMOKY

1 GEL EYE LINER #Glitter Black

블링블링한 골드펄이 함유된 블랙 컬러. 크리미한 사용감으로 물이나 땀에 지워지지 않는 워터프루프 기능을 가진 젤 타입의 아이라이너.

2 EYE COLOR #Shoo Black

밀착력 있는 3컬러 섀도 키트. 은은한 광택감이 있는 펄 베이스로 컬러 표현이 우수하고 화려한 글리터 섀도우로 구성.

3 GLAM CREAM SHADOW
#Smoky Gray

하루 종일 크리즈 현상 없이 말끔하게 지속되는 롱래스팅 크림 아이섀도. 쉬머링한 펄감이 눈매를 매혹적으로 변화시킨다.

4 VARIETYMOVING MASCARA

완벽한 인형 속눈썹을 위한 무빙 마스카라. 길이 조절이 되는 브러쉬가 내장되어 풍성하고 아찔하게 올라가는 속눈썹을 연출한다. 볼륨과 컬링 모두에 우수한 제품.

강렬한 블랙스모키

블랙스모키는 어려운 듯 보이지만 의외로 간단하게 연출이 가능하다. 꼭 필요한 몇 가지 아이템을 준비하고 순서에 따라 잘 표현해주면 15분이면 완성! 컬러 렌즈와 함께 작은 눈도 크게, 큰 눈은 훨씬 더 매혹적으로 보이게 만드는 블랙스모키의 매력에 빠져보자!

베이스 메이크업을 해준 뒤

1 크림섀도우 '스모키그레이'를 눈두덩이 전체에 펴 발라줍니다.
2 젤라이너 블랙으로 속눈썹 사이 사이를 꼼꼼히 메꿔주고 두툼하게 라인을 그려 꼬리를 빼주세요.

3 아이컬러 슈블랙의 그레이 컬러와 블랙 컬러를 그라데이션하여 발라줍니다. 블랙 컬러의 섀도우를 라이너 위로 블렌딩해 주면 자연스럽게 연결됩니다.
4 눈꼬리에서 언더로 내려오는 부분까지 섀도우를 해주세요.

5 젤라이너 블랙으로 아래 점막 부분을 채워 좀 더 또렷하고 강렬한 눈매를 만들어 주세요. 꼬리 부분과 자연스럽게 연결될 수 있도록 그려주세요.

6 인조속눈썹을 잘게 잘라 눈꼬리 쪽에만 붙여줍니다. 인위적인 느낌이 아닌 더 깊은 눈매를 연출할 수 있습니다.

7 붙여진 속눈썹과 본인의 눈썹을 같이 마스카라 브러쉬로 쓸어 올려주세요. 언더에도 꼼꼼하게 발라줍니다.

DAILY SMOKY

1 CRAYON EYE COLOR
#Serenade, #Champagn

쉽고 간편하게 사용할 수 있는 오토 타입의 스틱 섀도우. 우수한 밀착력으로 오랜 시간 지속된다.

2 CREAMY WATER PROOF PENCIL LINER FOR EYES
#Chocolate

워터프루프 기능으로 땀과 물에 쉽게 지워지지 않아 장시간 또렷한 눈매를 유지시켜주는 크리미하고 부드럽게 그려지는 아이라이너 펜슬.

3 BLUSHER-A PEACH

펄감 없는 자연스러운 생동감을 주는 맑은 피치컬러. 블러셔 하나만으로도 얼굴 전체를 화사하게 해주는 베스트 컬러.

4 VOLUME&LONGLASH MASCARA

섬유질이 첨가되어 속눈썹이 더욱 길어지고 뭉침 없이 풍부한 볼륨효과까지 연출 할 수 있는 멀티 마스카라.

부담없는 데일리스모키

매일 매일 강렬한 블랙스모키를 연출하고 싶지는 않지만,
그래도 선명하고 또렷한 눈매, 전체적으로 섹시한 인상을 심어주고 싶다면 데일리스모키에 도전해보자.
어떤 옷과도 무난하게 어울리며 쉽게 지워지지 않는 인상을 심어준다!

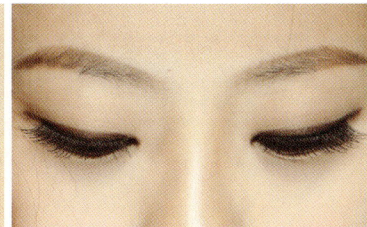

1 크림섀도우 골든누드 컬러를 눈두덩이에
얇게 발라줍니다. 크림섀도우를 베이스로
발라주면 가루타입의 섀도우가 더 잘
밀착되고 지속력도 좋아집니다.

2 브라운 컬러의 젤라이너로 두께감 있는
라인을 그려줍니다. 눈꼬리는 너무 올려
그리지 않고 눈을 감았을 때 자연스럽게
뻗어나가도록 길게 빼줍니다.

라인 위에 크레용아이 #Champagn 컬러와
#Serenade 컬러로 자연스럽게
그라데이션될 수 있도록 해줍니다.

3 라인 위에 모어브라운 섀도우(3번째)를
덧발라 번짐을 방지하고 라인과 섀도우가
자연스럽게 그라데이션될 수 있도록 해주면
깊이감 있는 눈매를 만들 수 있습니다.

4 크레용아이 #Champagn 컬러로
언더 아래쪽도 발라줍니다.

5 브라운 컬러의 펜슬라이너로 점막 가까이
언더라인을 그려 위의 라인과 자연스럽게
연결시켜줍니다.

6 뷰러로 컬링한 후 롱래쉬 기능의 마스카라로
길고 풍성한 눈썹을 표현해줍니다.
언더 부분도 꼼꼼하게 발라줍니다.

7 골드펄이 함유된 하이라이터로
T존과, C존을 밝혀줍니다.

8 블러셔는 한 듯 안 한 듯 복숭아 빛깔로
볼을 쓸어줍니다.

9 립글로스로 누디한 입술로 완성합니다.
로맨틱피치를 발라 생기를 주고,
눈매를 강조하기 위해 볼과 입술은
최대한 컬러감을 약하게 해줍니다.

SEXY SMOKY

1 HIGHLIGHT BEAM

화사하고 광채 나는 글로우 페이스와 쉬머 보디를
위한 볼륨 메이크업 하이라이터. 단품으로 사용하거
나 믹스하여 사용할 수 있는 다기능 멀티 제품.

2 LIQUID FOUNDATION

내추럴하면서도 광택이 흐르는 물광 피부 표현에 효
과적인 리퀴드 파운데이션 보습성분이 있어 피부를
촉촉하고 윤기 있게 유지시켜준다.

3 LIP COLOR   #205 Paparazzi

한 번의 터치만으로도 발색이 뛰어나고 촉촉한 고수
분감 립스틱. 펄 성분이 없어 깨끗하고 부담 없이 연
출하는 밝은 레드 컬러.

4 GEL EYE LINER   #Black

크리미한 형태로 또렷하게 눈매를 연출하는 젤 타입
의 블랙 컬러 아이라이너. 물이나 땀에 지워지지 않
는 워터프루프 기능이 함유되어 있다.

5 VOLUME & LONGLASH
MASCARA

섬유질이 첨가되어 더욱 길어지고 뭉침 없는 속눈썹
을 연출한다. 풍부한 볼륨효과까지 우수한 멀티 마
스카라.

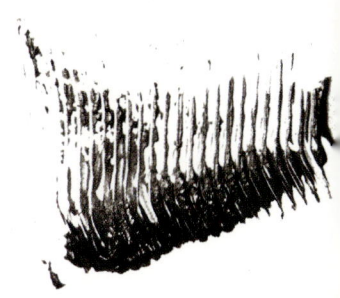

섹시한 포인트스모키

간단한 포인트 몇 개만으로도 완전 섹시해질 수 있다면?
연예인들이 즐겨 하는 눈과 입술만을 이용한 섹시 포인트스모키를 배워보자.
거울 속 이 섹시한 여자가 누구인지 못 알아볼 걸?

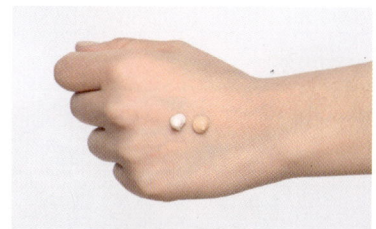

1

1 하이라이트 빔과 파운데이션을 1:1로 섞어
화사하고 쉬머링한 베이스 메이크업을
해줍니다.

2

2 젤라이너 블랙으로 라인을
위로 길게 빼서 그려줍니다.
언더라인도 꼬리와 연결되도록 그려줍니다.

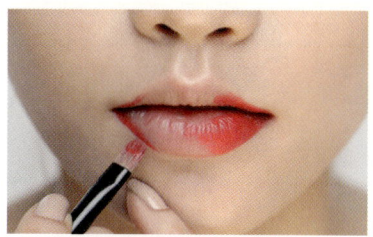

3

3 립브러쉬에 립스틱을 묻혀
입술라인 바깥쪽 끝부터 안쪽으로 형태를
잡아가며 채워 바릅니다.

4

4 눈과 입술에 포인트가 들어갔기 때문에
블러셔와 별도의 하이라이터는 생략합니다.

CONCEPT
YES

친구들과 홍대 클럽에 가기로 한 날. K는 클럽 조명 아래에서 돋보이기 위해 몸에 핏 되어 몸매가 드러나는 미니 탑 드레스를 입고 진한 레드 립스틱으로 입술을 강조했다. 집을 나서기 전, 거울을 보며 '이 정도면 나도 꽤 섹시하다'고 생각한다. 약속 장소에 친구들이 모였다. 친구 하나가 K의 차림을 훑어보곤 "너 원피스랑 화장 은근 야하다? 어딘가 야시시해 보이는 게……"라며 말끝을 흐린다. 곧이어 도착한 J를 보고 호들갑을 떠는 친구들. "오늘 신경 많이 썼는데? 완전 섹시해!" K는 놀기 전부터 기분이 상하는 것만 같다. 나는 야하고 쟤는 섹시하다고?

야한 여자와 섹시한 여자의 차이를 우리는 어렴풋하게나마 구분해 낼 수 있다. 이 둘은 어쩌면 같은 말일지도 모르지만 풍기는 뉘앙스에서 분명한 차이가 있는 것처럼 보인다. '야하다'는 말에는 요염하다는 의미가 내포되어 있다. 그러나 이 말에는 천박하고 되바라졌다는 뜻이 숨어 있기도 하다. 섹시함이 성적(性的)으로 묘하게 매력을 가진 것을 의미한다면 야하다는 말에는 부정적인 의미가 훨씬 강한 것처럼 느껴지는 것이다. 어쨌든 여자들은 야하고 싶기보다는 섹시한 쪽을 택하고 싶다. 야한 여자가 다소 '노골적'이라면 섹시한 여자는 '은근한' 매력을 가지고 있는 여자를 말하는 게 아닐까?

야하거나
섹시하거나

애티튜드로 완성하라

나는 TV 속 시상식에서 가슴 라인을 충분히 드러낸 이브닝드레스를 입었는데도 전혀 섹시하다 느껴지지 않는 연예인을 여럿 보았다. 포토존 앞에서 보는 사람마저 불편하게 만들 만큼 불안한 표정을 짓고 바닥에 끌리는 드레스를 엉거주춤 수습하느라 정신없는 모습은 특히 그녀들의 매력을 반감시켰다. 살을 드러내 노출을 하고 킬힐을 신어 여신 포스의 스타일링을 하고도 섹시함이 느껴지지 않는 사람들은 얼마든지 있는 것이다. 문제는 무엇일까? 똑같은 옷을 입어도, 같은 화장을 해도 다소 가볍게 느껴지거나 혹은 야하게 보이는 사람이 있는가 하면 확 드러나진 않지만 묘하게 섹시해 보이는 사람이 있다. 나는 이 둘 사이에서 오는 가장 큰 차이점이 애티튜드(Attitude)에 있다고 생각한다. 애티튜드란 자신도 모르게 오랜 기간 동안 계속해서 입고 있는 옷 같은 것이라서 스타일링보다 더 어려운 문제일 수도 있다. 그래서 이 애티튜드란 스타일을 말하기 이전에 갖춰야 할 '필수 아이템'이라 할 수 있다. 이것은 스타일을 완성하는 마침표가 되기도 한다. 나도 모르게 몸에 밴 행동이나 사소한 습관, 걸음걸이, 말투 같은 것들은 나의 스타일을 더욱 돋보이게 할 수도, 오히려 나를 추하게 만들 수도 있다. 하이힐을 신고서 술 취한 사람처럼 구부정하고도 뒤뚱거리며 걷는다면? 짧은 치마를 입고 조심스러운 기색 없이 의자에 대충 걸터앉아 있다면? 새빨간 립스틱 자국을 하얀 컵 둘레에 온통 묻혀놨다면? 아무리 아름답게 차려입은 사람이라 해도 어느 누가 그녀를 섹시하다거나 매력적이라고 말할 수 있을까?

섹시함은 차라리 함정이다

회사에 한 손님이 찾아왔다. 핫팬츠에 망사스타킹과 싸이 하이 부츠(Thigh high boots : 허벅지까지 올라오는 길이의 부츠)를 매치한 그녀는 화장과 헤어스타일, 향수 냄새까지 모든 게 너무 과했다. 흔히 섹시 코디를 위한 아이템들로 알려진 것들을 모두 모아놓자 그 중 어느 하나도 섹시해 보이지 않았다. 지나침은 차라리 모자람만 못하다는 말은 늘 정답인 것 같다. 샤넬(Chanel)의 수석 디자이너 칼 라거펠트(Karl Lagerfeld)의 뮤즈로 알려져 있는 前 영국 〈보그(Vogue)〉 에디터 아만다 할레치(Amanda Harlech)가 한 말에 나는 전적으로 동감한다. "하이힐을 신고 있다고 해서 섹시한 매력이 발산되는 것은 아니다. 은유적으로 말하자면 관능적인 여성은 이미 태어날 때부터 하이힐을 신고 있다." 그녀의 말을 바꿔 하자면, 여성은 섹시함을 드러내 보이기 위해 애써 노력하지 않아도 내면에 타고난 관능미를 가지고 있다는 뜻일 것이다. 그렇다! 모든 여성은 충분히 섹시할 수 있다. 섹시함은 당신의 눈빛에서도, 작은 손짓에서도 드러날 것이다. 노출하지 않아도 좋다. 꼭 섹시해 보이고 싶다는 생각 자체를 버려도 좋을 것이다. 진짜 섹시함은 옷에서 나오는 게 아니라 이미 당신 안에서 준비되어 있다가 어느 순간 발현될 테니까. 당당한 태도, 확신에 찬 눈빛과 함께라면 당신은 더욱 빛날 것이다. 셔츠 단추를 모두 잠그고 있더라도 누군가는 당신의 숨은 섹시한 매력을 발견해내고 다가와 말을 걸어올지 모른다.

STYLE NANDA

since 2004

여자 쇼핑몰, **여자 마음을** 들여다보는 것에서부터 **시작하라**

쇼핑몰 창업? '스타일난다'의 비법?

인터넷 쇼핑몰을 두고 '하루에 10개 쇼핑몰이 문을 연다면 11개 쇼핑몰이 문을 닫는다'는 말이 있다. 소자본으로 창업이 가능한데다 소위 '대박' 쇼핑몰들이 이슈가 되면서 이를 꿈 꾸는 많은 사람들이 쇼핑몰 창업에 뛰어든다. 한 달만 해도 2,000여 개의 쇼핑몰이 새로 생겨난다. 그리고 그 중 98%는 얼마 버티지 못한 채 6개월이 지나면 우후죽순 문을 닫고 사라져버린다.

'스타일난다'에게 길을 묻는 사람들이 많다. 젊은 나이에 여성 온라인 쇼핑몰로 성공할 수 있었던 '비법'이 무엇이냐는 질문을 가장 많이 받는다. 비법? 나의 비법은 무엇일까?

누군가 쇼핑몰 오픈을 앞두고 내게 조언을 구할 때 나는 그들의 생각을 먼저 들어본다. 그러면 거의 대부분이 '옷'보다는 매출에 대한 고민을 앞서 하고 있었다. 그들은 자신이 어떤 옷을 좋아하고 또 어떤 옷을 팔지, 내 쇼핑몰에 어떤 색깔을 가지고 갈지를 고민하기보다, 누구는 옷을 팔아 얼마를 벌었고 '광고는 이만큼 하면 더 잘 팔린다더라, 어떤 아이템이 마진이 좋다더라' 하는 것들에 더 열을 내고 있었다. 최근 온라인 쇼핑몰에 대해서 그런 흐름이 많이 형성되어 있다. 하지만 오로지 돈을 좇아 사업을 시작하려는 생각들은 결국 오래가지 못하는 것 같다. 시작도 못 해보고 끝나는 경우 또한 너무 허다하다.

내가 파는 옷은 바로 내가 입고 싶은 옷

'콩 심은 데 콩 나고 팥 심은 데 팥 난다'는 말. '스타일난다'의 문을 열던 7년 전부터 지금까지, 내가 가장 자주 하는 말이다. 조금 우스꽝스러울지 모를 이 말은 내 경영 방침이기도 하다. 좋은 씨앗을 뿌렸다면 언젠가 좋은 콩이, 좋은 팥이 나올 것이고 농사는 계속해서 흥할 것이다. 이 믿음은 늘 나를 초심으로 돌려놓는다.

사실 나는 매체 인터뷰를 할 때마다 '스타일난다'의 성공 요인에 대해 "솔직히 잘 모르겠다"고 대답한다. 정답 같은 게 있다고 생각하지도 않는다. 하지만 가장 중요한 점만큼은 말할 수 있다. '좋은 콩을 심겠다'는 원칙에서 내게 '좋은 콩'이란 내가, 또 여자들이 정말 좋아할 만한 좋은 품질의 옷을 내놓는 것이다. '내가 입고 싶은 옷인가'와 '내가 받고 싶은 서비스는 무엇일까'가 늘 그 기준이 된다.

나는 옷의 가격대와 구매하는 연령대를 한정하여 상품을 올리지 않는다. 명확한 타깃을 두지 않는 편이다. 유행을 따라 많이 팔릴 거라고 뻔히 예상되는 품목을 무조건 많이 기획하거나 대량생산하지도 않는다. 다만 내가 스무 살 풋풋한 나이일 때 입어보고 싶은 옷, 내가 서른 살이라면 입고 싶은 옷, 혹은 우리 엄마 나이에도 갖고 싶을 것 같은 옷을 산상하며 상품을 기획한다. 지금 생각해보면 내가 좋아하는 것들을 표현하다 보니 자연스럽게 '스타일난다'만의 콘셉트가 잡혀갔던 게 아닌가 싶기도 하다. 어쨌든 나는 내가 좋은 것, 내가 입고 싶은 것, 사람들한테 알려주고 싶은 것들을 철저하게 여자의 입장에서 생각하고 일을 했다고 믿는다.

나의 고집 때문에 오해를 받는 부분도 있다. 동대문의 옷들은 10~20가지씩 같은 디자인이 쏟아져 나온다. 디자인은 똑같은데 원단이나 봉제의 차이만 해도 천차만별이다. 사실 '스타일난다'의 옷이 비싸다고 말하는 사람들도 있다. 나는 내가 덜 남더라도 똑같은 디자인의 옷들 중 좋은 물건을 선택한다. 마진을 생각해서 품질을 포기하지 않는다고 자신한다. 옷을 판매하는 사람마다 기준이 다르겠지만 나는 그렇다. 조금 덜 남더라도 비싸고 좋은 편을 선택하는 것이다. 그게 지금의 '스타일난다'를 있게 한 힘이라고 생각한다.

고객, 여자가 주인공이니까

내가 쇼핑을 좋아하다 보니 여성의 마음을 누구보다 잘 알 것 같다. 인터넷에서 사진만 보고 옷을 사는 고객들은 옷을 직접 입어보지 않고 구매하는 데에 불안함과 답답한 마음을 충

분히 가질 만하다. 그래서 모델이 입고 있는 옷에 대해 상세하고도 꼼꼼하게 표현하려 노력한다. 모델이 옷을 착용한 사진을 많이 보여주고 다양한 각도에서 보여준다. '옷은 반드시 입어보고 사야 한다'는 생각도 '이 쇼핑몰이라면 입어보지 않고도 믿음이 간다'는 생각으로 바뀔 수 있도록 말이다.

그리고 고객중심! 한 고객이 정말 입고 싶은 옷이 있지만 자신에게 맞는 사이즈가 없다고 문의한다면, 나는 번거롭더라도 이 한 고객을 위해 따로 제작에 들어간다. 사실 '맞춤'이란 상당히 번거로운 일이다. 공장 사장님에게도 따로 이 한 장을 만들어 달라고 사정을 해야 하고 그 과정만 해도 여러 사람의 노동이 필요한, 그야말로 꽤나 복잡한 작업이 된다. 굳이 이렇게 하는 이유는 '입고 싶은 옷이라면 꼭 입어야 한다'는 내 마음과 같기 때문이다. 그게 여자의 마음이자 고객의 마음이니까. 정말 갖고 싶은 옷인데 포기해야 한다면 얼마나 슬플지, 그 고객은 '이 옷이 얼마나 입고 싶어 글까지 올렸을까'를 생각한다면 모른 척할 수가 없다. 조금 귀찮아도 특별 제작된 옷을 받고 기뻐할 고객을 생각할 때 그게 내 행복이 되는 것이다.

나를 아는 사람들은 내가 '옷에 미쳐 있다'고 말한다. 그만큼 나는 옷이 좋다. 그래서 가장 순수한 마음으로 내가 가장 좋아하는 일을 흥미로운 놀이처럼, 즐겁게 해내고 싶은 마음이 크다. 단추 하나라도 마음에 들지 않는 옷이 홈페이지에 올라와 있으면 하루 종일 신경이 쓰이기도 했다. 반대로 내 마음에 쏙 드는 옷이 있다면 하루 내내 기분이 좋다. 설령 그 옷이 다른 아이템에 비해 인기가 없다 해도 판매가 되면 누군가는 나와 마음이 통해서 이 옷을 알아봐준다며 신이 나곤 했다.

늘 그랬다. 내가 입고 싶은 옷을 선별해 내놓았을 때 고객들이 좋아하고 또 그들 취향과 맞아 떨어졌다는 사실이 나는 그렇게 즐거울 수가 없었다. 내가 좋아야 고객도 좋은 거니까. '스타일 나는' 스타일링법을 제안 받고 좋은 원단과 예쁜 디자인의 옷들을 즐겁게 쇼핑하는 곳이 '스타일난다'라면 그저 그걸로 나는 기쁜 것이다.

옷가게 사장인 나는 오늘도 친구 같은 옷가게 언니를 꿈꾼다!

I DRESS FOR THE IMAGE.
NOT FOR MYSELF,
NOT FOR THE PUBLIC,
NOT FOR FASHION,
NOT FOR MEN.

나는 보여주고 싶은 옷을 입어요.
나 자신을 위해서, 대중을 위해서, 혹은 패션을 위해서, 또 남자를 위해서 옷을 입지는 않죠.

– 마를렌 디트리히 Marlene Dietrich

TRUTH
TALK

진실 토크

섹시한 여자에 대한 남자들의 솔직한 이야기

남자들은 〈플레이보이(Playboy)〉지에나 나올 법한,
무조건 가슴이 크고 육감적인 몸매의 여성을 섹시하게 생각한다?
아주 틀린 말은 아닐 것이다.
하지만 '너도 어쩔 수 없는 속물이잖아!' 하는 식으로
단정 짓는 말에 적잖이 자존심 상해할 남자들이 많을 것이다.
그렇다면 남자들이 섹시함을 느끼는 포인트는 무엇일까?
남자들의 마음에 묘한 파장을 일으키는 여자는 어떤 매력을 가지고 있을까?
남자들의 꼭꼭 숨은 속내를 어디 한 번 살펴보자.

남자들에게 묻습니다!

그녀가
가장 섹시하다고
느낄 때

남자친구의 큰 화이트 셔츠만 입고 TV를 볼 때 *37%* ★★★★★★★★★★★★★★★★★★

속옷과 속살이 은근히 비치는 블라우스를 입었을 때 *24%* ★★★★★★★★★★★★

몸에 핏 되는 블랙 드레스를 입었는데 살짝 통통한 배가 눈에 들어올 때 *12%* ★★★★★★

머리카락을 쓸어 올릴 때 은은하게 풍기는 샴푸 향 *9%* ★★★★

뿔테 안경을 쓰고 골몰히 책을 들여다 볼 때 *7%* ★★★

살짝 드러난 어깨에 브라 끈이 보일 때 *6%* ★★

가늘고 하얀 팔에 보이는 솜털 *2%* ★

기타 의견 –
복사뼈가 예쁜 여자가 섹시하다
삼두근이 발달한 여자가 이상하게 섹시해
세상에서 제일 섹시한 건 교회누나
눈썹 숱이 풍성하고 긴 여자가 눈을 깜박일 때
바람 부는 버스정류장에서 코트를 여미고 있는 여인

남자들의 판타지는 역시 커다란 자기 옷을 입고 사랑스럽게 미소 짓는 여인인가 보다.
호피무늬 란제리를 남자친구 때문에 입는 여자들이 많지만 순수해 보이는 연한 핑크빛 속옷을 걸치는 날도 정해둬라.
평소 도발적이고 섹시한 내 여자친구라도 가끔은 성녀처럼, 요조숙녀처럼 보여야 새롭지 않을까?
진짜 똑똑하게 섹시함을 즐기는 여자는 내 남자의 알쏭달쏭한 심리도 꿰뚫고 있는 여자 아니겠나!

알거나 알거나!

나 어때?

너, 오늘 좀 스타일 난다?

평소 입던 스타일에서 조금만 벗어나도 큰일 나는 줄 알았던 그녀.

무난한 옷들이 자기한테 제일 잘 어울린다며 새로운 것들에는 눈길도 주지 않던 그녀였습니다.

오늘은 용기내서 사놓고 한 번도 입지 못했던 옷을 입어봤습니다. 서툴지만 화장도 해봤구요, 컬러 렌즈도 시도해봤습니다.

괜찮을까, 잘 어울리나, 이상하다고 하면 어떡하지? 어색한 마음으로 부담을 잔뜩 가지고 만난 남자친구.

환하게 웃으며 스타일 난다고 말해주는 그 사람, 오늘 내 모습이 정말 마음에 드나 봅니다.

귀엽다는 말보다, 착하다는 말보다 훨씬 기분이 좋습니다.

그녀, 계속 그렇게 더 예뻐지고 싶습니다.

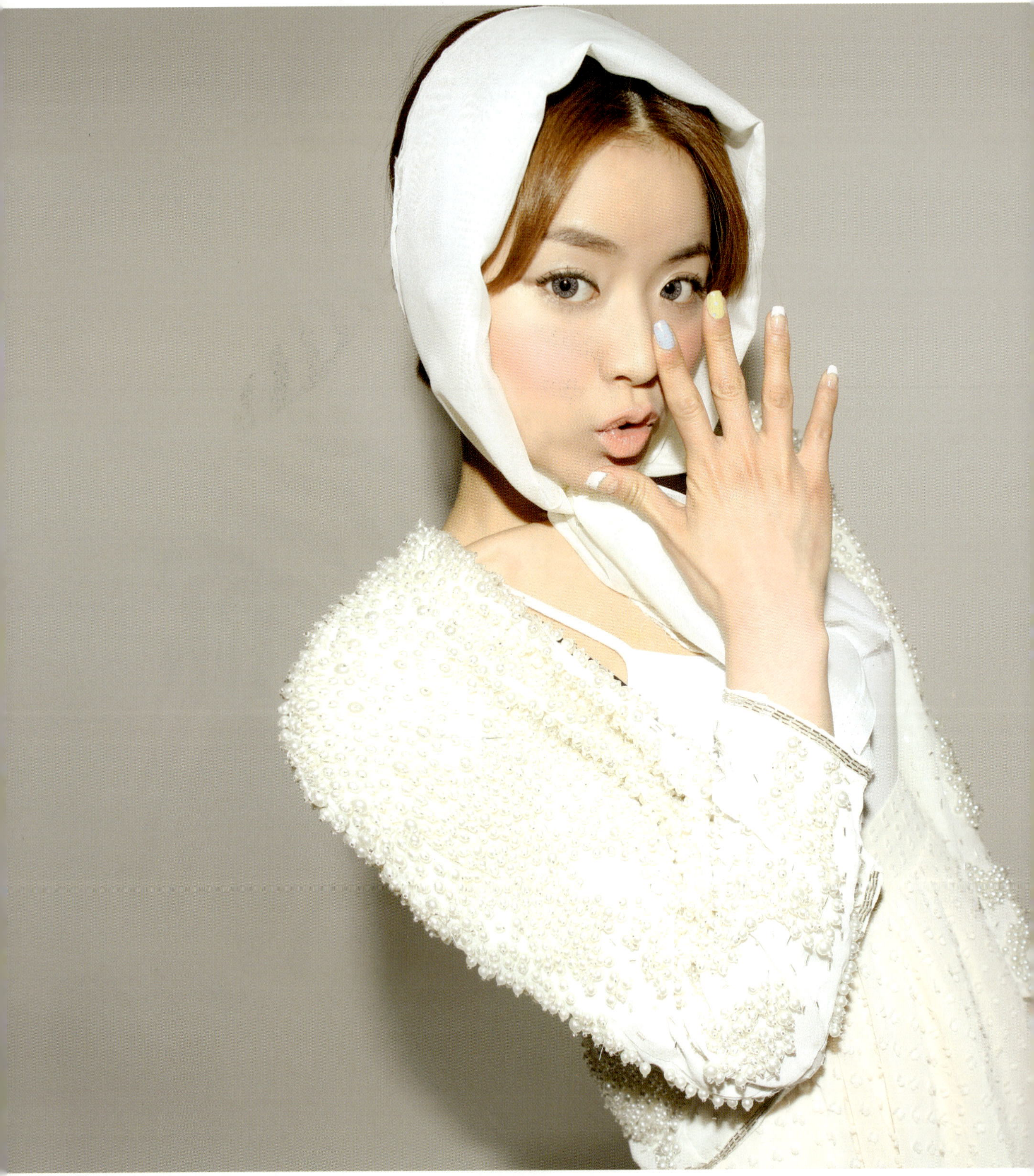

STYLE NANDA

www.stylenanda.com
since 2004

Part 3
귀여운 여자

Pretty woman, Give your smile to me.

고급스러움이란
빈곤함의 반대말이 아니라
천박함의 반대말이다.

— 가브리엘 샤넬 Gabrielle Chanel (디자이너)

귀여운 여자에 대한 나쁜 오해들

질투를 부르는 핑크 – 앙증맞은 핑크?

'섹시함 = 블랙 망사 스타킹'처럼 출처를 알 수 없는, 마치 공식이라도 되는 양 떠올리게 되는 관념들이 있다. 그 중 하나가 '귀여움 = 핑크'라는 생각일 것이다.

아이일 때나 어른이 되어서나, 여성에게 핑크색은 참 사랑스러운 컬러임에 분명하다. 가장 먼저 눈이 가고 또 손이 가는 예쁜 색이다. 국내 자동차 회사에서 여성 운전자들을 고려해 핑크 컬러의 차를 내놓자마자 엄청난 판매율을 보이고 있다는 이야기도 들린다.
핑크는 귀여워 보이고 싶을 때, 발랄한 소녀로 연출하고 싶은 날 막연히 떠오르는 컬러이기도 하다. 하지만 핑크색 옷을 고르기엔 너무 튀는 건 아닐까 하는 생각에 선뜻 고르기는 조금 부담스럽기도 하다. 그래서 이내 포기할 때가 더 많은.

정작 이렇게 속으로는 모두들 핑크색을 좋아하면서도 누군가 사랑스러운 핑크색 니트를 입었거나 블링블링 핑크 톤으로 화사하게 화장한 모습을 본다면 당신은 친구와 수군댈지도 모르겠다. "예쁘긴 한데, 너무 튀는 것 같아."라고. 핑크색은 여성에게 있어 다분히 '질투를 부르는 색'이다.

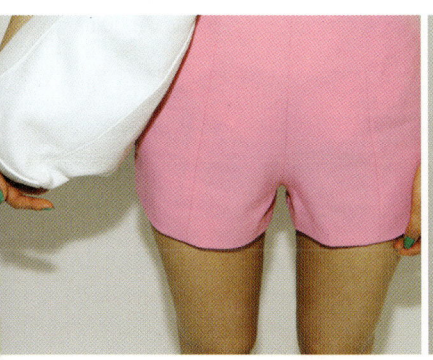

핑크색이 과연 귀여운가? 내 대답은 당연히 "Yes"다. 하지만 '귀여움'에만 갇혀 핑크를 말한다면 이야기는 달라진다. 귀여우면서 섹시하기도 하고 우아할 수도 있다. 핑크는 정말 다양한 분위기를 내는 컬러라 할 수 있으니까 말이다.

패리스 힐튼(Paris Hilton)의 못 말리는 핑크 사랑은 유명하다. 머리끝부터 발끝까지 핑크 하나로 '색깔맞춤'하는 그녀만의 코디 방법은 때로는 내 입을 떡 벌어지게 한다. 그 자신감이 대단해 보이긴 하지만 너무 '오버한다'는 느낌이 강하게 들 때가 많다. 귀엽거나 사랑스러운 느낌보다 '튀고 싶어 작정을 했다'는 생각이 슬쩍 먼지 드는 것이다.
늘 적절한 스타일링이 중요하다. 핑크색은 구두나 가방, 심지어 핸드폰 액세서리까지 한 가지만 있어도 눈에 확 들어올 만큼 화려하고 예쁜 컬러이기 때문에 과하게 핑크색만 사용할 경우 이도저도 아닌 룩이 될 수 있다. 당신이 유아기를 막 지난 여섯 살 꼬마가 아니라면 핑크색으로 색깔맞춤할 생각은 버리자. 그런 모습은 절대 귀엽지 않을 것이다. 귀여움이든 섹시함이든, 또 혹 단정함이든 모든 스타일이 그렇다. 우리가 흔히 생각하는 이미지에만 가두어 컬러를 사용하는 것은 결국 뻔한 스타일만 반복하는 일이 된다.

핫핑크는 섹시하고 강렬한 스타일링을 연출할 때에도 많이 사용된다. 연한 핑크는 순수하고 여린 소녀의 느낌을 주기도 하면서 또 우아하고 사랑스러운 느낌 모두를 보여주기도 할 것이다. 모든 스타일링이, 모든 컬러가 그렇듯 그 안에는 무수히 많은 가능성과 양날의 다른 얼굴들을 지니고 있다. 따라서 핑크가 당신을 귀엽게 변신시켜주는 마법의 컬러가 아니라는 사실을 기억하자. 핑크는커녕 드레시한 블랙 롱 스커트에 땡땡이 무늬 블루 셔츠를 입은 한 친구의 모습은 내 기억 속에 정말 귀여웠던 모습으로 남아 있으니까!

키 큰 여자는 귀여울 수 없다?

내가 아는 키가 커 슬픈 사람들 중엔 매번 무난하고 단정하게만 차려입고 다른 스타일은 시도조차 하지 않는 친구들이 있다. 스스로 귀여운 스타일링이 어울릴 리 없다고 믿는 두려움 때문이다.

키도 크고 날씬한데다 몸매가 예쁘다면 어떻게 입어도 예쁘겠지만 살짝 덩치도 있고 모든 사이즈가 넉넉한 편이라면 더욱 고민스러울 것이다. 한 친구는 '스타일난다' 홈페이지를 자주 구경하면서 갖고 싶은 옷들이 참 많지만 결국 스키니진에 단화, 티셔츠와 카디건 차림을 고수하느라 늘 비슷한 아이템만 고르게 된다고 했다. 평소 입던 옷이 아니면 당연히 어울리지 않을 거란 생각에 입어보기조차 무섭다고 한다. 나는 어떤 바지가 통이 좁게 나왔고 어떤 티셔츠가 날씬해 보이는지 등 제품의 상세한 사이즈나 디테일을 알기 때문에 키가 크고 몸집이 있더라도 그녀에게 어울릴 만한 옷이 머릿속에 그려졌다. 분명 잘 어울릴 텐데! 그러면서 속이 상했다. 왜 스스로 하고 싶은 것, 입고 싶은 옷을 시도해보지도 않고 '나는 안 될 거야' 하는 생각으로 묶어두는 걸까.

반대로 키가 작은 '통통족'들은 그들대로 콤플렉스가 있다. 세련되고 섹시하게 연출하고 싶은 욕구가 있음에도 자신과 거리가 멀다고 단정 짓고 늘 캐주얼하게 꾸미고 마는 것이다.

'내가 감히 어떻게…….' 또는 '나는 당연히 안 어울릴 게 뻔해!'라는 못난이 마인드부터 버려라! 아무짝에도 쓸모가 없는 변명이다. 그리고 당신이 가진 장점 한 가지를 충분히 드러내는 방법을 택해라. 키가 크다면 헐렁한 후드티에 긴 다리를 드러내고 연한 화장만으로도 시크함과 귀여운 매력을 모두 보여줄 수 있을 것이다(자세한 방법은 이지 코디 페이지를 활용하자).

우리는 어쩌면 정확히 내게 어울리는 스타일을 파악하기보다 딱히 내 스타일이 될 만한 것도 모르면서 무난하고 평범하게, 적당히 이상하지만 않게만 자신을 감춰버리고 있지는 않는 걸까?

생각, 생각, 그 생각에서부터 비롯된다. 나를 고정관념에 꽁꽁 묶어버리고 그대로만 산다면 정말이지 할 게 없어진다. 그게 패션이든 가치관이든 편견을 가지고 살면 우리 인생은 늘 똑같은 길 위에서 재미없는 여행을 하게 될 것이다. 더 나은 내가 되고 싶은 당연한 욕구를 무시하고 살지 않기를 바란다.

무조건 어려 보이고 싶어!

어느 날 딸과 엄마의 대화.
"엄마, 옆에 머리카락이 다 뻗쳤잖아요. 내가 드라이기로 말아서 넣어줄까?"
"놔둬. 일부러 뻗치게 둔 거야. 이게 더 귀엽고 어려 보이지 않아?"

나이가 들어도 '귀여운 여자'이고 싶은 마음은 엄마도 예외가 아니었다. 그래서인지 엄마의 뻗친 머리가 나는 정말로 귀엽게 보였다.

얼굴에서, 스타일에서 한 살이라도 내 나이를 지워가고 싶은 마음, 그래서 상큼하고 귀여워 보이고 싶은 마음, 그건 모든 여자의 바람이다. 보톡스 주사를 맞는 것은 애교이고 이름도 외우기 어려운 갖가지 성형 방법들이 여성을 아름답게 만들어 주는 시대다. 나도 여자라서 성형에 대해 관심도 있고 부정적이지도 않다. 다만 마치 틀에 찍어낸 듯 하나같이 연예인 누구를 따라 똑같은 얼굴로 변해가는 여성들을 보면 안타깝다. 모두 획일화될 필요는 없을 텐데도 젊어지고 싶고 예뻐 보이고 싶은 마음에 과하게 성형을 하면 자기 고유의 개성마저 놓치고 만다.

귀엽고 어리게 보이기 위한 노력 중엔 이런 것들도 있다. 인형 눈썹처럼 길고 풍성한 속눈썹을 평상시에 붙이고 다니거나 프릴이 무겁도록 덧대어 있는 치마나 공주풍 레이스를 치렁치렁 늘어뜨린 옷을 입는 사람들. 이런 것들이 과연 귀여워 보일까? 나는 '착각'이라고 말하고 싶다.

40대나 50대라고 해서 20대, 30대처럼 입지 말란 법은 없다. 하지만 분명 그 연령대에만 즐길 수 있는 스타일들도 존재한다. 나는 자연스럽고도 당당하게 내 나이를 드러내면서 패턴이 사랑스러운 스카프를 매치하는 등 한두 가지 포인트를 줌으로써 충분히 귀여워 보이고 또 어려 보일 수도 있다고 생각한다. 나이를 거스르면서까지 나를 복잡하게(?) 포장해버리지 말자. 자칫하면 '발악한다'는 무시무시한 말을 들을 수도 있다!

그리고 한 가지 더! TV 트렌디 드라마 속 귀여운 여자 주인공 캐릭터를 더욱 귀엽게 돋보이도록 하는 것들(귀마개, 큰 코사지 머리띠, 케이프(망토)와 같은 아이템)을 보고 시도해보는 것은 좋지만 이들 모두 모아 한꺼번에 착용하는 것은 위험하다. 어린 아이들, 또는 십대 때 하면 좋을 것들을 성인이 매치할 때에는 과하지 않게 한두 가지만으로 포인트만 주는 정도로 충분하지 않을까? 드라마 속 문근영의 사랑스러움이 딤이 나 사 모은 아이템들이 꽤 된다면 조카에게, 세 살 딸에게, 안 되면 옆집 꼬마에게 선물하자.

ITEM CUTE

카푸치노 거품처럼
가볍고 부드럽게

귀여운 그녀에게서는 바닐라 향이 날 것 같아.

포근한 봄바람이 불거나 한여름 강렬한 태양 볕이 쏟아질 때
한없이 가벼워지고 싶은 게 여자들 마음!
무거운 재킷은 벗어 던지고
가끔은 편안한 맨투맨 티셔츠와 청바지, 스니커즈만으로 스타일나게
깨물어주고 싶을 만큼 귀여운 소녀이고 싶다.
이번 주말에는 따뜻한 남쪽 나라의 무드를 물씬 풍기는
꽃무늬 프린트 원피스에 도전하자.
손가락으로 콕 찍으면 크림이 묻어날 것 같은
파스텔 컬러 스커트가 여행을 떠나고 싶은 마음을 더 부추긴다.

귀여움의 종결자가 되다!

너무 너무 예뻐, 눈이 눈이 부셔~♪

대한민국 삼촌들의 우상, 소녀시대가 몇 년 전 타이트한 형형색색 스키니진을 입고 나타나 쭉 뻗은 긴 다리로 무대를 누볐다. 이에 열광한 사람은 비단 삼촌팬들만이 아니었다. 소녀시대가 입은 알록달록 컬러의 스키니진은 옷 좀 입는다는 언니들 사이에서도 그 인기가 한동안 수그러들 줄 몰랐다. 소녀시대뿐만 아니라 여러 아이돌 그룹은 물론이고 펑키한 스타일을 가장 잘 소화해내는 스타일리시 그룹 2NE1도 그렇다. 이들이 앞다퉈 보여주는 스타일에는 80년대 화려한 룩이 재해석되어 고스란히 담겨 있다. 1980년대를 들여다 보면 70년대부터 쭉 이어져 온 재미있고 귀여운 스타일이 가득하다. 80년대 룩을 공부하자! 때로는 사랑스러운 소녀처럼, 때로는 왕년에 롤러 스케이트 좀 타본 언니들처럼 유쾌한 변신이 시작된다.

디스코 타임! 80년대처럼 어때요?

하얀 땡땡이가 들어간 팝 레드 컬러 블라우스 마이클잭슨과 함께 춤추고 싶어지는 어깨 봉긋 새킷, 엄마가 처녀시절 입나 보관해둔 옷처럼, 화려한 프린트의 나염 니트, 오렌지 맛이 날 것 같아 유니크한 알반지와 큼지막한 시계, 밤에도 번쩍이는 네온 컬러의 발목양말!

한마디로 펑키하면서 적당히 소녀다운 감성은 유지하도록 재해석된 룩들이 최근 쏟아져 나와 다시 사랑받고 있다. 80년대에는 과장되고 화려해서 한 번에 시선이 확 가는 아이템들이 많았다. 사실 80년내 패션 그내로를 시금 시대에 따라 한나면 그야말로 촌스럽다고 느껴질 게 뻔하다. 30년 전에 가장 핫했던 마돈나를 지금에 와서 따라 할 수는 없다. 최근 복고 유행을 타고 등장한 러블리하며 독특한 아이템들을 이용해 귀엽고 눈부신 여인이 되어보자.

오래된 것, 조금 낡은 것에 새로운 의미가 부여되고 빈티지의 가치가 새삼 주목받는 요즘, 엄마나 이모의 장롱을 습격하는 것도 좋겠다. 팝 컬러나 요란한 프린트 등, 너무 튀는 스타일이 부담된다면 포인트 액세서리부터 단정한 뉴트럴 컬러들과 함께 차근차근 믹스 앤 매치해보자. 발랄하고 귀여운 여인은 컬러와 액세서리를 적절히 이용할 줄 아는 여자!

답답했던 킬 힐은 냉큼 벗어버리고 민들레 홀씨 바람에 날리듯, 살랑살랑 산뜻하고 귀여운 여인으로 변신해 보자. 큼지막한 백팩을 매고 가벼운 운동화를 신고서 산으로, 공원으로, 바다로! 음악소리가 빵빵 터지는 페스티벌 현장으로 당장 달려가 밤새 젊음을 하얗게 태워도 좋다.

My Wannabe

미니 드레스
Mini Dress

맨투맨 티셔츠
Man to man T-shirt

짧은 하의
Short Bottoms

it Styling

귀엽고 사랑스런 헤어스타일
Cute & Lovely Hairstyling

귀엽고 사랑스런 메이크업
Cute & Lovely Make-up

MINI DRESS

미니 드레스

Walking down the street, Pretty woman
The kind I like to meet, Pretty woman
I don't believe you, You're not the truth
No one could look as good as you.

로이 오비슨(Roy Orbison)의 노랫말 속 '귀여운 여인'은 누굴까?
오늘만큼은 바로 당신이 주인공!
연한 핑크의 벌룬 미니 드레스를 같은 컬러의 샌들과 매치해보자.
우윳빛 핑크는 동양인의 스킨 톤과 적당히 어우러져
여성스럽고 사랑스러운 느낌을 물씬 풍긴다.
여기에 풍성한 포켓 디자인이 귀여움을 더해준다.
전체적으로 톤 다운된 느낌의 스타일링이지만
생기를 부여하기 위해
피치 컬러의 볼터치를 강하게 넣어줘도 좋다.

봉송봉송
앙평오자

복숭아가
피어난 볼터치

톤 다운된
핑크 컬러의
벌룬 미니 드레스

깨끗한 느낌을 주는
화이트 양말

미니 드레스와
같은 컬러의 사랑스러운
스트랩 샌들

JUST TRY IT, NOW!

뉴트럴(Neutral)이란 '중립의·분명치 않은·중성의'라는 의미가 있다. 이처럼 뉴트럴 컬러는 색상이 뚜렷하지 않고 색채의 농도가 낮아 탁한 느낌과 더불어 여리고 부드러운 분위기를 낸다. 포근함과 따뜻함, 순수함이 느껴지기도 한다. 아이보리, 베이지, 멜란지 그레이, 인디언 핑크 등의 컬러들이 특히 그렇다. 미니 드레스 자체에서 오는 앙증맞은 매력과 뉴트럴 컬러의 사랑스러움이 만나면 귀여운 여인으로 변신하기도 어렵지 않다.

white one piece

white stripe one piece + gray leggings

flower printed dress

flower printed one piece

white t-shirts + black stripe leggings

white one piece + gray leggings

하늘거리는 화이트 미니 드레스는 우아하고 차분하게 연출할 수도 있지만 앞머리를 살짝 동그랗게 말거나 연한 핑크 컬러의 앞코가 둥근 슈즈와 매치하는 등의 작은 변화만으로 여성스러우면서도 귀엽게 연출이 가능하다. 넉넉한 스트라이프 원피스에 퍼 소재 모자, 백팩과 스포츠 시계, 장난스러운 반지 등으로 재미있게 연출해도 좋다. 여기에 운동화로 마무리해 너무 아이처럼 코디하는 것보다 볼드한 우드 굽 슈즈 등으로 여성미는 살려주는 게 센스 있어 보인다. 잔 꽃무늬 패턴이나 파스텔컬러의 쉬폰 미니 드레스에는 힐보다도 로퍼나 운동화를 신어 발랄하게 연출하는 것이 더 자연스럽고 귀여워 보인다.

MAN TO MAN T-SHIRT

맨투맨 티셔츠

너무 너무 편하고 만만한 아이템, 맨투맨 티셔츠!
짱짱하고 톡톡한 원단에 심플한 디자인의 맨투맨만으로도
스타일리시하게 연출할 수 있다.
맨투맨은 살짝 박시한 사이즈가 귀여워 보인다.
팔 부분이 스트라이프 셔츠로 덧대어지고
로고나 무늬 없이 깨끗한 맨투맨 티셔츠는 에지 있게 느껴진다.
그레이와 블루 컬러 매치는 차분하고 세련된 느낌을 주는데,
여기에 형광색 모자와 레드 컬러 백팩으로 발랄함을 더해줬다.
팬츠 속에 티셔츠 밑단을 넣어 입으면
허리 핏이 살아 여성스러운 귀여움이 느껴진다.

그레이, 블루와
잘 어울리는
형광 컬러 모자

새빨간 매력,
빅 백팩

셔츠와 레이어드한 듯,
독특한 모양의
그레이 맨투맨 티셔츠

허리가 잘록해 보이는
환한 블루 컬러의
하이웨이스트 쇼트 팬츠

하얀 슈즈에 딱이야,
블루 컬러 양말

트위스트 추고 싶어지는
화이트 로퍼

※우리가 알고 있는 '맨투맨 티셔츠'의 정확한 명칭은 'Sweatshirt'.
Sweat이란 '땀'을 뜻하는데, 과거에는 운동복으로 많이 쓰였기 때문에 이런 이름이 붙었다고 한다.

JUST TRY IT, NOW!

You too can be stylish! Why not?

동네 공원 산책을 나가거나 휴일 점심에 친구가 떡볶이 먹자고 할 때, 화장하기 너무 귀찮은 날……. 이럴 때 딱 맨투맨 티셔츠가 생각날 것이다. 가볍게, 캐주얼하게 입고 싶지만 괜히 후줄근해 보일까 봐 걱정이었다면? 입는 방법을 조금만 달리하거나 액세서리의 활용, 또 컬러를 잘 이용하면 데이트 룩으로도 손색이 없을 것! 힙을 덮는 맨투맨 티셔츠를 원피스처럼 입거나 안에 핫팬츠를 입어 컬러 양말과 매치하면 날씬하고 귀여워 보인다. 키가 작은 언니들에게 특히 추천!

white sweatshirt + high waist denim pants

gray sweatshirt + baggy denim pants

stripe knit + denim hot pants

gray hooded shirts + white skirt

black knit + white hot pants

sky-blue sweatshirt

맨투맨 티셔츠는 하이 웨이스트 팬츠와 아주 잘 어울린다. 박시한 상의와 대비해 높은 허리선이 허리를 강조하고 다리를 길고 날씬해 보이게 한다. 어깨선이 살짝 아래로 떨어져 남자 옷처럼 큰 사이즈로 많이 나오는데, 역시 박시하면서 발목은 좁아지는 핏의 보이프렌드 데님과 매치하면 남자친구 옷을 입은 듯 귀여운 느낌을 준다. 면이 아니라 니트로 된 맨투맨 티셔츠는 루즈하게 떨어지는 원단에서 귀여움만이 아니라 여성스러움이 풍긴다. 후드 집업 맨투맨 티셔츠는 없으면 서운한 아이템. 맨투맨은 팬츠와 운동화뿐만 아니라 쇼트 스커트, 롱 스커트와 볼드한 굽을 매치해도 상당히 예쁘고 깔끔하게 어울린다.

EASY CODI

CUTE ESSENTIAL ITEM

귀여운 필수 아이템

베이지+베이지, 베이지+그레이 컬러 코디는 재킷과 정장 팬츠를 입으면 고급스럽고 우아한데, 어떤 액세서리를 하느냐에 따라 여성스러우면서 귀여운 느낌도 줄 수 있다. 포인트 컬러 양말+빅 백팩+빈티지한 모자 아이템으로 차분한 베이지 컬러에 발랄함이 더해진다. 독특한 패턴이 있는 그래픽 티셔츠에 하이 웨이스트 컬러 반바지, 밀리터리 느낌의 카키색 모자와 컬러 백팩, 컬러 양말의 조합은 펑키한 귀여움이 있다. 요즘 10~20대 사이에서 열풍인 아웃도어룩에서 영감을 얻어라. 소풍이나 MT, 워크샵을 떠날 때 도전해볼 것.

1

2

3

4

5

6

7

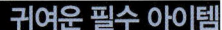

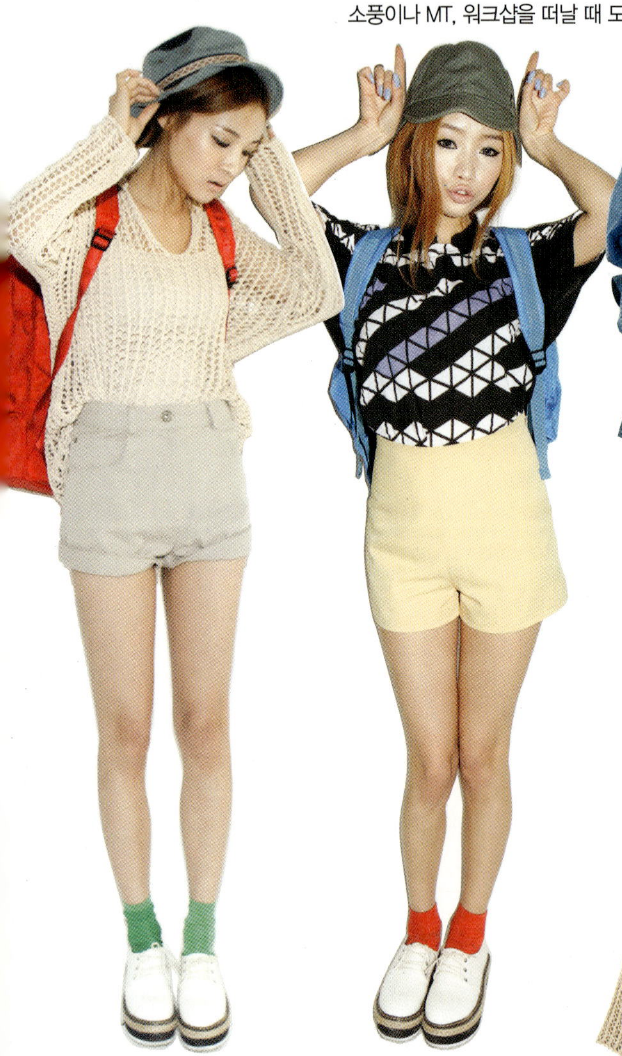

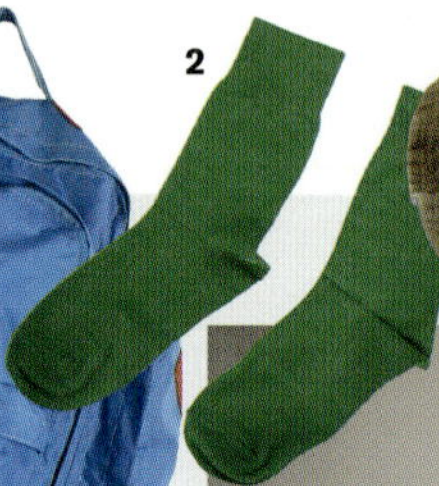

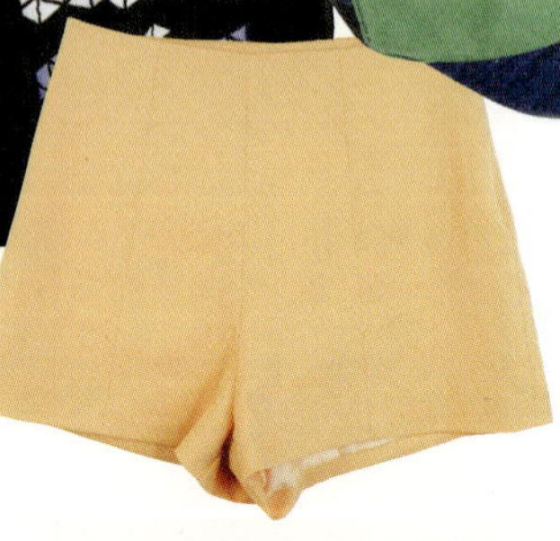

1 등산모자로도 굿, 빈티지 모자 **2** 눈에 확 띄는 컬러 양말 **3** 전공서적도 다 들어갈 컬러 백팩 **4** 보이시한 매력, 화이트 로퍼 **5** 여성스러움이 뚝뚝, 베이지 컬러의 그물 니트 **6** 시원해 보이는 패턴에 반했어, 그래픽 티셔츠 **7** 배에 힘주자, 하이 웨이스트 컬러 쇼트 팬츠

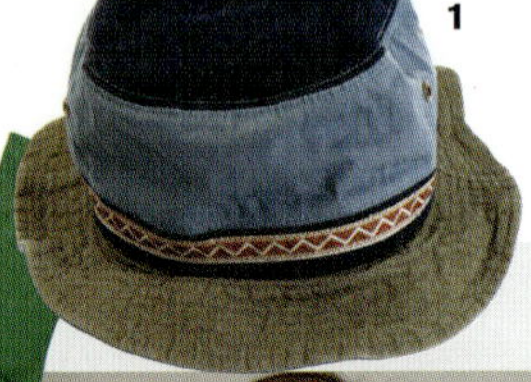

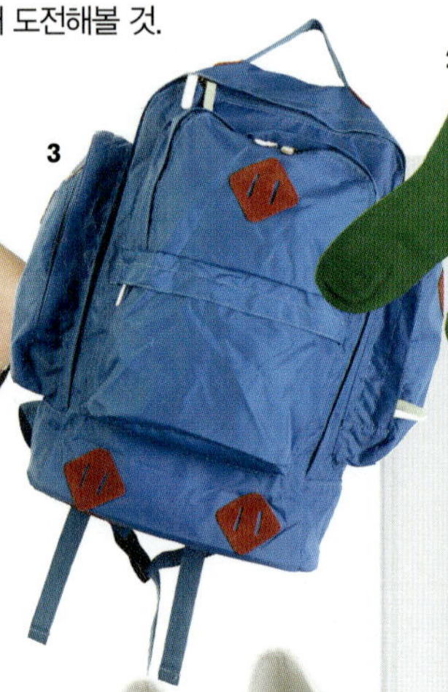

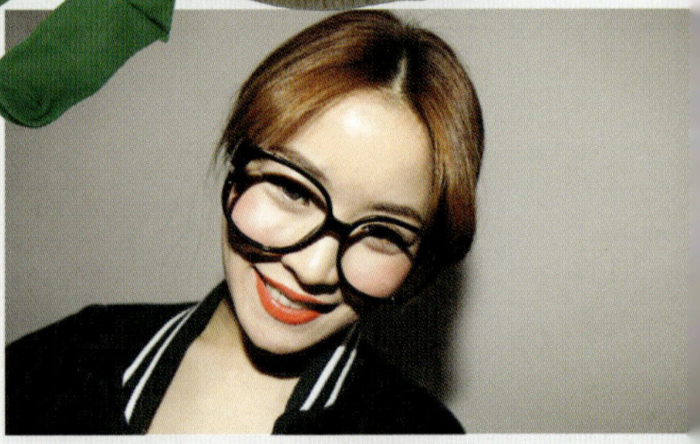

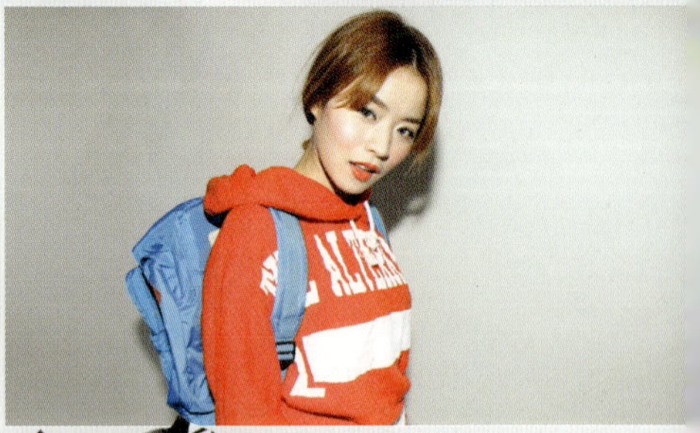

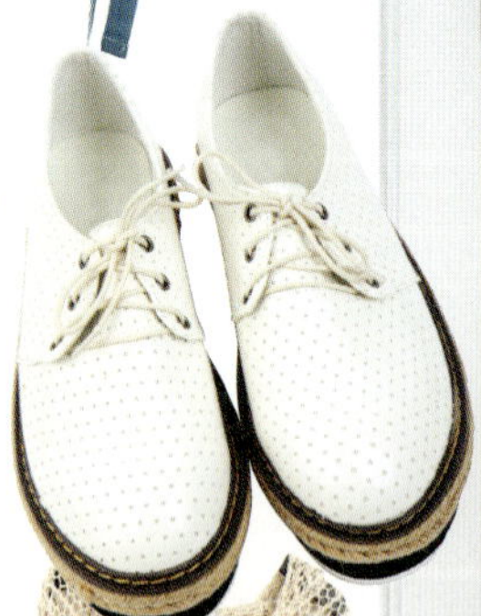

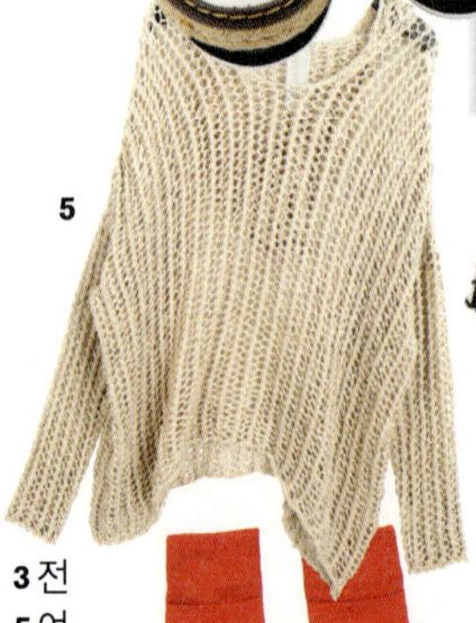

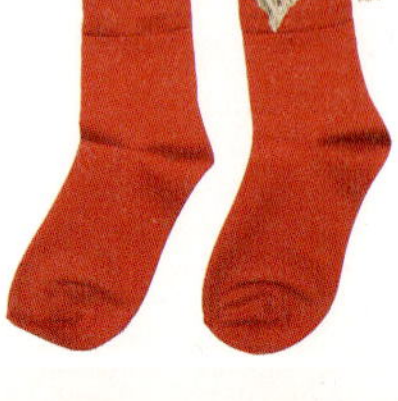

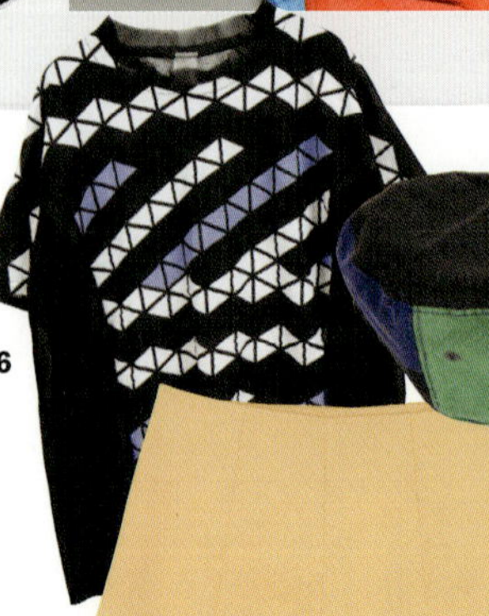

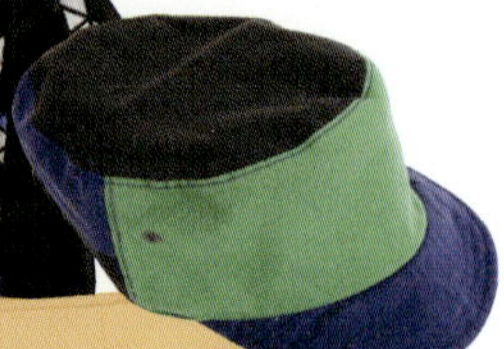

JUST TRY IT, NOW!

You too can be stylish! Why not?

겨울, 봄 할 것 없이 많이 쓰는 털모자나 야구모자, 비니, 또 뿔테 안경, 컬러 백팩, 워커 등은 스타일을 가지고 놀 줄 아는 사람들의 필수 아이템. 어딘가 부족해 보이는 스타일링에 화룡점정을 찍어줄 아이들이다. 천천히 하나씩 모아 시도하다 보면 당신도 패셔니스타!

1 놀 줄 아는 모범생, 뿔테 안경 2 밤에도 보일까, 형광 컬러의 오버사이즈 점퍼 3 기본 중의 으뜸, 화이트 티셔츠 4 하나를 입어도 폼나게, 에메랄드 컬러의 후드 티셔츠 5 뚜벅뚜벅, 멋쟁이 워커 6 예쁘게 톤 다운된 노랑이 쇼트 팬츠

형광 그린 컬러의 오버사이즈 집업 점퍼로 상체가 커 보인다면, 톤 다운된 노란색 얇은 쇼트 팬츠를 입어 다리를 시원하게 드러내고 투박한 워커를 매치한다. 한쪽이 다소 둔해 보인다면 다른 쪽은 날씬하게, 한쪽이 확 튄다면 다른 쪽은 톤을 낮춰서 코디한다는 공식 안에서 발랄하고 자유롭게 컬러를 시도하는 것이다. 다소 스포티한 느낌의 점퍼나 팬츠도 톤이 적절히 어우러지자 귀엽게 느껴진다. 박사님 뿔테 안경과 워커의 조합, 대강 묶어준 머리가 멋스럽다.

SHORT BOTTOMS

짧은 하의

남성들을 대상으로 한 어떤 설문조사에서 그들이 생각하는 가장
섹시해 보이는 아이템이 '초미니 스커트'로 나타났다고 한다.
반면 여성들이 뽑은 아이템은 가슴이 확 파인 옷이었다고.
남자들은 여자들의 가슴보다 다리에 집착한다는 결론이
나온 것이다. 하의실종 패션이 유행인 요즘,
그들의 눈알 돌아가는 소리가 들리는 것만 같다.
연한 컬러의 오버사이즈 청재킷은 남자친구 것을 빌려 입은 듯
박시한 느낌이 제법 귀엽다. 안에는 비비드한 컬러의 편한
티셔츠와 쇼트 팬츠를 슬림해 보이도록 매치한다.
컬러시계가 스포티한 느낌이 있지만
운동화가 아닌 구두를 신어 여성스러움을 더했다.

소매는 살짝 접어줘,
오버사이즈 청재킷

하의실종,
쇼트 팬츠

밝은 컬러의
편안한 티셔츠

스포티한
컬러 시계

베이지와 잘 어울리는
환한 색깔 양말

굽이 두꺼운 샌들

센스 넘치는
블랙 헤어밴드

안경 너머
반짝이는 눈,
사각 뿔테 안경

박시한 블랙 티셔츠와 청재킷, 보일 듯 말 듯한
==쇼트 팬츠를 매치한 뒤 레드 컬러 양말로 포인트를 주었다.==
청재킷은 어깨가 크고 팔을 잘라내버린 듯한 패턴이다.
전반적인 컬러를 블랙으로 통일한 뒤 청재킷과 레드 컬러를 더해
강한 이미지와 함께 살짝 귀여운 복고풍의 느낌도 흐른다.
박시한 옷으로 상체가 다소 과장되어 보일 때
하의를 벙벙하게 연출했다면
마치 힙합보이처럼 보였을지도 모르니 주의!
==쇼트 팬츠와 워커 힐의 조화가 다리를 더욱 날씬하게 강조할====것이다.==

살짝 박시한 사이즈가
더 멋스런
블랙 티셔츠

오빠 청재킷 탄뚝을
잘라낸 듯,
민 소매 청재킷

살짝만 보여줄게,
블랙 쇼트 팬츠

가방끈 길어요,
블랙 빅 백

컬러 양말과
잘 어울리는
블랙 워커 힐

JUST TRY IT, NOW!

학 다리처럼 길게 뻗은 다리는 예쁘긴 하다. 하지만 마르고 긴 다리를 부러워하기보다 내 다리가 조금 통통하고 알통 나왔더라도 자신 있게 드러내고 예뻐해주자. 건강 미인이 대세인 이때에 탄력 있는 허벅지가 훨씬 멋져 보인다. 적당한 운동과 과감한 스타일링으로 하의실종 패션에 동참할 것!

green jumper +gray short pants

gray t-shirts + gray short pants

white t-shirts + pink skirt

pink knit + yellow hot pants

gray t-shirts + blue short pants

orange t-shirts +pink short pants

큼지막한 야구점퍼에 오버사이즈 뿔테 안경, 점퍼 안에 숨은 쇼트 팬츠의 조합이 귀엽다. 빅 사이즈 배낭은 내 몸을 상대적으로 작아 보이게 해 모자나 스포츠 시계 등과 매치하면 더욱 어려 보이게 만들어준다. 살랑거리는 시폰 스커트는 남자친구가 좋아 할 만한 귀엽고도 사랑스러운 스타일로 완성해준다. A라인으로 퍼지는 핫팬츠는 아래로 퍼지는 효과 때문에 스커트처럼 보이기도 하면서 허벅지를 가늘어 보이게 하는 효과가 있다. 로퍼나 굽이 두꺼운 구두와 매치하면 예쁘다.

세계 여러 도시에서 매년 노팬츠 데이(No Pants Day)가 열리고 있다고 한다. 10년 전 뉴욕의 지하철에서부터 시작되었는데, 처음에는 바지를 입고 모인 뒤 갑자기 바지를 벗는 집단행동(?)을 하는 이벤트라고, 남녀 할 것 없이 모두 심슨이나 딸기 같은 게 그려진 팬티에서 엉덩이가 훤히 드러나는 팬티 차림 등으로 하루를 보내는 캠페인이다. 이런 걸 두고 '하의실종 패션 종결자'라고 해야 할까? 과연 자유분방한 미국답다는 생각이 들면서도 과한 것 같다는 생각도 들고……. 알쏭달쏭!

gray t-shirts + gray short pants

white jacket + black leggings

white one piece

white t-shirts + black short pants

red hooded sweatshirt + white skirt

denim jacket + pink one piece

그레이 컬러의 하이 웨이스트 쇼트 팬츠를 같은 컬러의 맨투맨 티셔츠와 매치했다. 살짝 트레이닝복 느낌이 나면서도 데이트 룩으로도 손색이 없는 귀여운 스타일이다. 블랙 레깅스로 다리는 날씬하게 강조하고 힙 선을 덮는 길이의 미니 더블 재킷을 원피스처럼 입었다. 페도라와 로퍼의 조화가 요조숙녀 같은 귀여움을 연출한다. 순백의 플레어 원피스를 레이스 양말과 매치하는 것도 센스 있다. 쇼트 후드 티셔츠에 언밸런스한 롱 나시, 쇼트 청재킷에 미니 원피스도 Good!

당신은 귀엽습니까?

나는 패션에 대해서 비교적 오픈된 마인드를 가지고 있는 편이다.

옷을 파는 사람이니까 내 스스로 자유롭게 패션을 즐겨야 멋진 상품도 보여줄 수 있다는 마음도 있다.

명품과 보세, 이 둘을 나누는 경계 같은 것도 모호한 편이고, 그저 '예쁜 것들은 그냥 다 옳다!'라고 생각하는 편이다.

하지만 개인적으로 싫어하는 아이템이 있기는 하다.

촌스럽다는 생각을 지울 수 없는 그것은 바로 볼레로 모양의 카디건이나 재킷.

사실 볼레로 그 자체가 싫기보다 그와 함께 매치하는 전형적인 스타일이 세련되지 않게 느껴지는 것이다.

무늬가 들어간 하얀 스타킹에 주름치마, 리본이나 프릴로 풍성하게 장식된 블라우스,

거기에 왕 코사지마저 달린 볼레로를 걸치고 머리는 고데기로 열심히 말아서 굵은 웨이브가 찰랑거리는 스타일······.

아이쿠, 안타깝다. 5~6살 꼬마들의 차림이라면 깨물어주고 싶게 귀여워 보일 것 같다. 하지만 성인에게는, 뭐랄까.

마치 영국 엄한 공작 집안에서 유모가 입혀주는 대로 옷을 입으며 곱게 자라서 어른이 되고도 여전히 옷을 입을 줄 모르는 귀족 아가씨의 느낌이랄까.

어딘가 무지 신경을 쓴 노력의 결실(?)이 오히려 어설프게 느껴지고 마는 것이다.

내가 당당히 밀고 있는 아이템, 배기 핏 팬츠나 하이 웨이스트 팬츠처럼 파워풀한 아이템으로도 얼마든지 귀엽고 사랑스러워 보일 수 있다.

파스텔 컬러나 여리여리한 느낌의 따뜻한 컬러들을 잘 이용하고 간단한 액세서리 정도로 말이다.

요점은 레이스, 코사지, 프릴 같은 것들이 귀여워 보인다고 거기에 너무 매달리다 보면

귀엽지도, 단정하지도, 상황에 어울리지 않은 차림이 될 확률이 크다는 것!

무엇보다 정돈되어 깨끗한 메이크업에 애플존에는 사랑스럽게 블러셔로 터치해주는 게 필살기!

화사하게 물든 볼은 귀여움의 핵심이다. 반드시 '터치'해줘야 한다.

혈색이 돌아 발그레한 볼, 그리고 환한 눈웃음이 더해지면 그대는 이미 프리티 우먼!

HOW TO MAKE
CUTE
&
LOVELY
HAIRSTYLE

Cute
머리 위로 동글동글 말려 올라간 머리가 너무 귀여워!
센스 있게 묶어서 귀여운 소녀처럼 변신하자. 일명 똥머리라 불리는 당고머리 연출하기!

Hairstyling

1 생머리도 상관없지만 살짝 웨이브가 있는 머리로 묶으면 볼륨감이 있어 더 예쁘답니다.

2 빗으로 살살 빗어가면서 머리를 잡아주세요. 높게 올려주며 빗습니다.

3 정수리 부분에 가깝도록 높은 지점에 묶어준 뒤 머리끈으로 묶어주세요.

4 묶은 머리를 얇은 빗을 이용해 아래에서 위 방향으로 빗어줍니다. 볼륨감을 주는 작업이에요.

5 손에 힘을 빼고서 머리를 살짝만 잡아 느슨하게 돌려줍니다.

6 힘을 줘 단단하게 묶는 것이 아니라 느슨하게 큰 원을 만들며 모양을 잡습니다.

7 실핀을 이용해 마무리합니다. 풀어지지 않도록 잘 고정시켜 주세요.

8 전체적으로 잔머리를 실핀을 이용, 정돈해주세요. 동그랗고 풍성하게 모양이 살도록 머리를 양 옆으로 잡고 살짝 잡아 빼주면 더 예뻐요.

김연아처럼
당고머리 묶어볼까?

예고에서 발레를 전공하는 친구들이 단체로 '똥머리'를 하고 우르르 지나가는 모습이
그렇게 멋져 보일 때가 있었다. 요즘은 '아오이 유우'처럼 센스 있게 당고머리를 한 여성들을
많이 볼 수 있다. 사과처럼 동그랗게 올라가 있는 머리라니, 정말 사랑스럽다.
귀엽고 앙증맞은 당고머리는 기본적으로 여성스럽기 때문에 우아하게, 섹시하게 연출하는 데에도
그만이라서 거의 아무 차림이나 잘 어울린다. 아침에 너무 바빠 뻗친 머리를 손질하지 못했거나
시원하게 목선을 드러내고 싶을 때는 당고머리가 딱이다. 질끈 묶어 대강 휘리릭 감아
실핀이나 집게핀으로 고정해줘버리면 그만이니까 말이다. 그마저도 없다면 고무줄로 묶어줘도
귀엽게 헤어 업, 스타일 업! 더운 여름 땀에 정리 안 되는 헤어스타일도 당고머리로
뚝딱 멋지게 커버할 수 있다. 동그랗게 말아준 머리는 볼륨감 있게 통통하고 조금 커야 귀여워 보인다.
이마 선을 따라 적당히 솟은 잔머리는 살짝 보여야만 더 사랑스럽고 멋지다는 사실!

미용실에 가지 않고도 자연스럽고 예쁜 헤어스타일로 변신하는 마법의 셀프 스타일링.
얇은 빗 하나와 머리 끈 하나면 뚝딱 완성!

Lovely
Hairstyling

1 머리를 감은 후 잘 말리고 빗질을 해준 생머리 상태입니다. 변신 시작!

2 얇은 빗을 이용해 7:3의 비율로 가르마를 나누어줍니다. 땋을 방향을 생각하세요.

3 머리카락을 빗으로 뿌리쪽을 향해 크게 띄워줍니다. 머리카락을 빗으로 긁듯이 반복해주어야 자리가 잡힙니다.

4 윗머리가 볼륨이 생기고 적당히 완성됐으면 내려가면서 턱선 정도까지 아래에서 위쪽으로 연속해서 부스스하게 만듭니다.

5 이제 머리를 땋기 위해 세 갈래로 나눕니다. 머리 가닥을 넓적하게 면적이 생기도록 눌러주며 잡아주세요.

6 천천히 아래로 땋아줍니다. 땋을 때마다 엄지손가락으로 눌러주면서 모양이 살도록 매만지며 땋아주세요.

7 땋은 머리의 꼬리 부분에 머리끈을 묶어 마무리한 뒤 땋은 머리를 조심스럽게 만져 느슨한 듯 모양을 잡습니다.

8 마지막으로 다시 빗을 이용해 전체적으로 꼼꼼하게 볼륨이 살도록 머릿결 반대 방향으로 빗질을 해주면 완성!

혼자서도 충분한
셀프 머리 땋기

머리는 금세 자라나고, 이렇게 저렇게 묶어도 보고 땋아도 보고 싶지만 혼자 머리를 만지기는 너무 어렵다. 가끔 이런 저런 고민이 아예 귀찮아져버리면 그냥 '한동안 신경 쓰지 않도록 보글보글 볶아버릴까' 싶은 마음도 든다. 생머리가 지겨워 일명 고대기로 불리는 헤어 스타일러로 매일같이 머리에 열을 가하거나 드라이기로 탱글탱글한 웨이브를 만들기도 하는데, 그러다 보면 소중한 내 머리가 얼마나 스트레스를 받을까?
일단 머리에 너무 힘을 주는 것보다는 자연스러운 헤어스타일이 가장 예쁘다는 것이 '스타일난다'의 생각. 머리에 힘이 들어가려면 아무래도 왁스며 젤, 기구의 열을 이용해야 한다. 혼자 머리를 땋는 것도 사실 몇 번 하다 보면 하나도 어렵지 않다. 양 옆이 살짝 솟은 두상을 가진 동양인에게는 머리 위에 볼륨이 조금만 들어가도 예쁘다. 땋은 머리가 한쪽 어깨 위에 올라오도록 숭숭숭 땋아보자! 모델처럼 머리 땋기, 해보면 참 별 거 아니다.

HOW TO
MAKE-UP
CUTE
&
LOVELY

CUTE MAKE-UP

1 CRAYON EYE COLOR
#Golden Nude
쉽고 간편하게 사용할 수 있는 오토 타입의 스틱 섀도우. 우수한 밀착력으로 오랜 시간 지속됩니다.

2 CREAMY WATER PROOF PENCLE LINER FOR EYES
#Brown
워터프루프 기능으로 땀과 물에 쉽게 지워지지 않아 장시간 또렷한 눈매를 유지시켜주는 크리미하고 부드럽게 그려지는 아이라이너 펜슬.

3 CREAM BLUSHER #New Pink
실키한 사용감의 수분함유 루스파우더. 미세하고 가벼운 파우더가 피부에 피팅되어 깨끗하고 투명한 피부로 표현해줍니다.

4 VOLUME&LONGLASH MASCARA
섬유질이 첨가되어 속눈썹이 더욱 길어지고 뭉침 없이 풍부한 볼륨효과까지 연출 할 수 있는 멀티 마스카라.

귀여운 메이크업

화장법 하나로 완전 귀여운 여자로 변신하는 게 가능하냐고? 물론 대답은 "Yes!".
화사하고 발랄한 옷차림에 귀여운 메이크업은
애인은 물론 거울에 비친 내 속마음까지 블링블링하게 만들어줄 것이다.

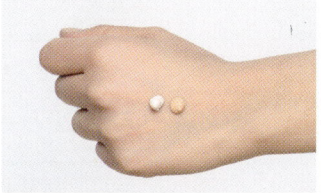

1

기초 제품을 꼼꼼히 발라준 뒤 얼굴 전체에 미스트를 뿌려
촉촉하게 만들어 메이크업이 잘 밀착될 수 있도록 준비시
켜주세요.

1 좀 더 촉촉하고 윤기 있어 보이는 피부표현을 위해
프라이머와 리퀴드 파운데이션을 1:1로 짜내어
믹스한 후 피부결을 따라 고루 펴 발라줍니다.

2

3

2 컨실러로 눈 밑 트라이앵글존을 밝혀주고
잡티를 제거해주세요.

3 윤기 나는 피부를 위해 파우더는
브러쉬에 소량만 묻혀 유분기만 잡아줍니다.

4

5

4 크림블러셔 뉴핑크를 덜어내어 웃었을 때 봉긋
올라오는 부분에 퍼프를 이용하여 안쪽에서
바깥쪽으로 그라데이션하여 발라줍니다.

5 크림블러셔가 조금 더 오래 유지될 수 있도록
블러셔 베베핑크를 덧발라줍니다.

6

7

6 크림섀도 '베이비돌'을 아이홀에 넓게 펴발라주세요.

7 펜라이너로 최대한 점막에 가깝게 라인을 그려주고
속눈썹 사이사이도 메워줍니다. 뷰러로 컬링해준 후
무빙마스카라로 볼륨감 있는 속눈썹을 연출해주세요.

8

9

8 아이크레용을 이용해 눈 앞꼬리와 언더 1/2 지점까지
하이라이트 해주세요.

9 눈썹은 브로우 섀도를 이용하여 자연스럽게 윤곽을
잡은 후 빈 곳을 채워줍니다.

10 더욱 맑은 핑크 립을 위해 입술 라인쪽은 컨실러로
정리해주고 틴트를 입술 안쪽에서 바깥쪽으로
그라데이션하여 발라줍니다.

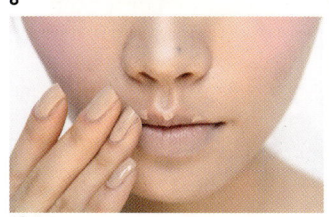

10-1

10-2

11

11 누드핑크
립글로스로
볼륨을 주면
귀엽고
사랑스러운
메이크업
완성!

LOVELY MAKE-UP

1 FACE PRIMER #Champagn

사틴 펄 입자가 은은하게 광채 있는 피부 바탕표현
을 도와 입체적이고 생기있게 만들어줍니다.

2 FULL COVER CONCEALER

촉촉하고 밀착력 있게 다크스팟과 다크서클을
커버해주어 화사한 피부톤을 만들어줍니다.

3 BLUSHER #Bebe Pink

말이 필요없는 사랑스런 베베핑크 블러셔. 은은하게
빛나는 펄감이 볼을 더욱 예쁘고 화사하게 만들어줍
니다.

4 HIGHLIGHTER

부담스럽지 않은 펄감과 피부 깊숙히 우러나온 듯한
광채로 입체감 있는 메이크업을 완성해줍니다.

사랑스러운 메이크업

놀이동산에서 그녀를 기다리는 남자친구의 얼굴에 미소가 가득하다!
사랑스러움이 가득한 그녀의 얼굴은 손만 대면 톡 – 하고 터질 것만 같아 벌써부터 가슴이 설렌다고?
지금부터 러블리한 그녀의 봄빛 메이크업을 살펴보자.

1 프라이머로 피부를
정돈해줍니다.

2 모공밤을 발라 모공과 요철을 메
워줍니다.

3 하이라이트 빔과 허니페이스
파데를 1:1로 믹스, 피부를
화사하게 연출해줍니다.

4 컨실러로 잡티와 다크서클을
커버해줍니다.

5 퍼프에 루스파우더를 묻혀
얼굴에 가볍게 대듯이 발라주어
보송보송하게 만들어줍니다.

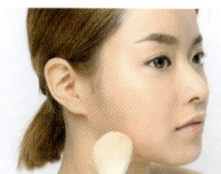

6 쉐딩파우더로 얼굴 윤곽을
쓸어줘 작고 갸름한 얼굴을
만듭니다.

7 C존과 T존에 하이라이터를
발라줍니다.

8 펄이 적은 밝은 섀도나
하이라이터 등으로 애플존에
동그랗게 발라 광택을 줍니다.

9 블러셔 베베핑크를 애플존에.
먼저 바른 하이라이트보다는
좁게, 원을 그리며 바릅니다.

10 크림섀도 스포트라이트를
아이홀에 얇게 펴 바릅니다.

11,12 브라운 젤라이너로 눈꺼풀 중앙부터 눈꼬리 깊은 부분,
언더 삼각지점까지 색을 채우듯 라인을 그리고 속눈썹 사이 점막을
채우며 눈꼬리를 날렵하게 뺍니다.

13 뷰러로 속눈썹을 올려주고
버라이어티 무빙 마스카라로
인형 같은 속눈썹 완성!

14 스포트라이트를 눈앞머리부터
언더 1/3지점까지 연결해서
발라주세요.

15 발색 좋은 핑크색 립글로스로
도톰한 입술을 표현해
완성합니다.

Find your hidden charms!

피부에 양보한 화장품,
제대로
알고 쓰자

여자들은 하루도 빠짐없이 화장을 한다.

하루 두 번의 세안, 두 번의 기초 스킨케어, 메이크업을 하고 나가면 밖에서도 끊임없이 화장을 고쳐야 한다.

피부에 직접 닿아 소중한 내 피부를 지켜주는 만큼 화장품은 최상의 상태에서 사용하는 것이 가장 좋은 방법이다.

화장품은 개봉 후 가능한 한 빨리 다 써버리는 것이 최선이다.

직사광선을 피하고 서늘하며 건조한 곳이 화장품에게는 가장 안전한 장소.

사용 후 뚜껑을 꼭 닫아 공기와의 접촉을 막는 것이 중요함은 말할 것도 없다.

크림처럼 입구가 큰 용기에 담긴 제품은 손보다는 스패출러를 이용할 것을 권장하는데,

사람의 손에는 상상 이상의 세균이 있기 때문이다. 크림을 손가락으로 찍어 쓰면 크림 속에 세균이 옮겨가

제품을 변질시킬 위험이 있고 그렇게 되면 피부 트러블을 유발할 수 있다.

화장품에 액체류가 닿는 것은 일단 좋지 않다. 역시 세균이 쉽게 번식할 수 있기 때문인데,

습기나 차거나 다른 물질이 섞이지 않게 조심해야 한다. 물기 있는 손도 금지!

사용기한이 표시된 제품이라면 편리하지만 대부분의 화장품이 그렇지 않으니

제조일자를 확인하고 개봉한 날짜를 메모해두면 좋다.

내 화장품의 유통기한

화장품 마니아의 화장대는 아주 복잡하다. 화장품을 줄 맞춰 쭉 세워두거나 각종 샘플부터 개봉도 하지 않은 아이템들을 서랍 여기저기 쌓아두기도 한다. 하지만 진짜 멋쟁이들의 옷장이 단출하듯, 능력자들의 화장대는 딱 사용하는 것만 깨끗하게 갖추어져 있다는 사실! 그리고 꼼꼼하게 제조일자와 유통기한을 따진다. 너무 오래 방치한 화장품은 당장 버려라. 화학약품이 변질되어 소중한 피부에 어떤 자극을 줄지 모른다. 화장품의 유통기한은 보통 개봉 전 제조일자로부터 30개월이다. 하지만 일반적으로 기초제품의 경우 1년 전후에 다 사용하는 편이 좋은데, 마스카라 같은 액상 제품은 6개월 이내에 쓰는 것이 적당하다. 각 제품들의 사용 정보를 꼼꼼하게 따져보자.

토너, 에멀젼

개봉 후 1년. 손에 덜어 쓰다가 한꺼번에 쏟아져 무심코 도로 담는 경우가 생기기도 하는데 이럴 경우 세균으로 인한 변질의 위험이 있다. 따라서 펌핑을 할 수 있는 용기로 된 제품이 좋다.

에센스, 크림

개봉 후 8개월. 영양 성분이 농축되어 있는 제품이므로 가급적 6개월 이내에 쓰는 것이 좋다. 크림은 스패출러 사용을 생활화하자.

자외선 차단제

6개월~1년. 일정 기간이 지나면 자외선 차단지수가 감소할 수 있다.

메이크업 베이스, 파운데이션, 컨실러, 비비크림

1년~1년 6개월. 서늘한 곳에 보관한다. 변색이 되거나 덩어리가 나온다면 사용을 중단할 것.

파우더

개봉 후 2년. 퍼프나 아이섀도 팁 같은 화장도구는 자주 세척해서 사용해야 한다. 미지근한 물에 중성세제로 세탁하면 되고 완벽하게 말려서 사용해야 문제가 없다. 잘 써오던 화장품은 문제가 없는 것 같은데 트러블이 생겼다면 화장도구를 의심해본다.

아이섀도, 볼러셔

개봉 후 3년. 색조 화장품은 오래 사용할 경우 색상이 팁에 잘 묻지 않는데, 그럴 땐 사용을 중지하는 것이 좋다. 브러쉬나 팁은 사용 후 물기 없는 티슈에 툭툭 털듯 닦아 보관하고 자주 세척할 것을 권장한다.

마스카라

3개월~6개월 이내. 공기가 들어가면 쉽게 굳기 때문에 자주 펌핑을 하면 제품에 좋지 않다. 굳어진 마스카라에 오일이나 스킨을 넣어 사용하는 방법은 잘못된 상식이다. 박테리아 감염으로 시력에 손상을 주거나 결막염의 위험이 있을 수 있다. 눈에 사용하는 제품일수록 각별히 주의해야 한다.

아이라이너

6개월~1년. 리퀴드 아이라이너는 가급적 빨리 사용한다.

립스틱

3년. 솔을 이용하지 않고 입술에 직접 바른 뒤에는 티슈를 이용해 살짝 닦아 정리하는 것이 좋다. 뚜껑을 열었을 때 지저분해 보이는 립스틱은 사용하기도 꺼려질 뿐더러 세균이 생길 가능성이 많다. 오일방울이 몽글몽글 맺히거나 부드럽게 발리지 않고 뻑뻑하다면 그냥 버리는 것이 좋다. 립스틱은 온도변화에 민감한 화장품이므로 서늘한 곳에 보관하자.

립글로스

개봉 후 6개월. 팁이 입술에 직접 닿아 쉽게 오염될 수 있기 때문에 6개월 이내에 사용하는 것이 좋다.

클렌징 제품

1년~1년 6개월. 가급적 개봉 후 1년 안에 사용하는 것이 좋다.

매니큐어

1년. 층이 분리되었을 때에는 손바닥 사이에 넣고 여러 번 굴려 준 뒤 사용한다.

'괜찮겠지' 하는 마음으로 아껴 쓰던 화장품이 아직 많이 남았다고 해서 버려야 할 때가 지났는데도 사용해선 안 된다. 옷을 입을 때도 과한 욕심은 버려야 하듯, 수명이 다한 화장품은 보내야 할 때 보내줘야 한다. 사용이 뜸한 화장품은 시간이 오래 지나기 전에 얼른 친구나 동생에게 줘버리는 편이 현명하다. 1년이 훨씬 지나 꺼내놓곤 버리지도, 쓰지도 못해 고민에 빠지는 편보다는 나을 것이다. 자, 소중한 내 피부에는 좋은 것만 양보하자. 당신은 소중하니까!

Miranda : Hmm. Something funny?
미란다 : 흠. 뭐가 웃긴가?

Andy : No. No, no. Nothing's……. You know, it's just that both those belts look exactly the same to me.
You know, I'm still learning about this stuff and, uh…….
앤디 : 아뇨. 아뇨, 아뇨, 아닙니다……. 전 그냥 저 벨트들이 모두 똑같은 것 같아서요. 제가 아직 이런 물건에 대해서 배워가는 중이라……..

Miranda : This, stuff? Oh. Okay. I see. You think this has nothing to do with you. You go to your closet and you select, I don't know,
that lumpy blue sweater, for instance because you're trying to tell the world that you take yourself too seriously to care about
what you put on your back.
But what you don't know is that that sweater is not just blue. It's not turquoise. It's not lapis. It's actually cerulean.
And you're also blithely unaware of the fact that in 2002, Oscar de la Renta did a collection of cerulean gowns.
And then I think it was Yves Saint Laurent wasn't it, who showed cerulean military jackets? I think we need a jacket here.
미란다 : 이런, 물건? 오, 좋아. 알겠어. 이게 너와는 전혀 상관없다고 생각하는 모양이군. 넌 옷장에 가서, 모르긴 해도 예를 들자면,
털이 몽글몽글 솟은 그 블루 스웨터를 고른 것 같은데, 네가 뭘 걸치든 세상 사람들은 너에게 전혀 신경 쓰지 않는다고 믿고 싶겠지.
네가 모르는 게 있는데, 그 스웨터는 그냥 블루가 아니란 거야. 그저 터키석 색상도 아니고 청금석 빛깔도 아니야. 그건 정확하게 말해서 셀룰리언(짙은 청색)이야.
2002년에 오스카 드 라 렌타의 컬렉션에서 셀룰리언 가운을 발표했다는 사실도 당연히 모를 테지.
다음에 내 기억에는 입생 로랑이었을 텐데, 셀룰리언 군용 재킷을 보여준 게. 여기 재킷이 필요하겠어.

Nigel : Mmm.
나이젤 : 음(네).

Miranda : And then cerulean quickly showed up in the collections of eight different designers. And then it, uh, filtered down through the
department stores and then trickled on down into some tragic Casual Corner where you, no doubt, fished it out of some clearance bin.
However, that blue represents millions of dollars and countless jobs. and it's sort of comical how you think you've made a choice
that exempts you from the fashion industry when, in fact you're wearing a sweater that was selected for you by the people in this room,
from a pile of 'stuff'.
미란다 : 그리고 나서 셀룰리언은 8명의 다른 디자이너들의 컬렉션에서 빠르게 나타났지. 그 다음 백화점으로 내려갔고,
그 다음은 비극적이게도 캐주얼 코너로 기어 내려갔을 거야. 의심의 여지없이 너는 그 옷을 창고 정리하는 매장에서 샀을 테지.
그렇지만 그 블루 컬러가 수백만 달러와 셀 수 없이 많은 일자리를 상징해. 그리고 이건 좀 웃기네, 네가 선택한 스웨터가 패션계와는 관계가 없다고 믿는 게.
사실 넌 이 방 안에 있는 사람들이 이 '물건'들 사이에서 널 위해 골라준 스웨터를 입고 있는 거라고.

이 장면은 영화 '악마는 프라다를 입는다'에서 미란다 편집장이 풋내기 앤디에게 독하게 쏘아붙이는 부분이다.
패션 볼거리가 넘치는 영화라 아주 흥미진진하게 보았던 영화인데, 이 장면이 기억에 많이 남는다.
처음에는 앤디가 너무 심하게 당한다는 느낌이 들었던 게 사실이다.
하지만 미란다의 패션에 대한 자부심과 진지한 태도를 생각하면 그녀가 화를 내는 것이 당연하다.
앤디는 패션계에 발을 담갔음에도 그들을 한심하게 바라보는 이중적인 생각을 하고 있었으니까.
나도 패션을 정말 정말 심각하게 사랑하는 사람 중 하나로서
가끔 옷을 만지는 나 같은 사람들이 하는 일에 대해 쉽게 여기는 것(?)들을 보면 화가 치밀어 오른다.
좀 거창할지 모르지만 패션은 하나의 예술이다.
샤넬 여사의 말처럼 하늘에도 땅에도, 어디에도 존재하는 참 친근한 예술 말이다.

원판불변의 법칙?
당신은 태어날 때부터
인형처럼 예쁜 여자였나요?

우리는 부모님으로부터 축복받은 유전자를 물려받아 큰 키에 날씬하고 예쁜 얼굴을 가진 여자들을 보면서 부러움을 감출 수 없을 때가 많다. 전생에 나라를 구했기 때문에 저런 미모를 얻었을 거라고 속 편하게 믿어버리거나 분명 어딘가 성형을 해서 손을 댔을 거라고 폄하하며 이리저리 뜯어보기도 한다. 맞다. 그게 여자의 심리다.

하지만 이제 거울을 보며 그들과 나를 비교해 주눅들 필요 없다. 요즘은 개성 있게 나를 가꾸는 여성이 더 인기 있고 '워너비'가 되는 시대이다. 물론 타고난 인형 외모의 여성은 어떻게 해도 예쁠 확률이 크다. 쩝.

처음부터 타고난
인형 외모

하지만 자신을 스타일링할 줄 아는 여자에게는 반전이 있다. 예쁘긴 한데 옷을 못 입는다거나 꾸밀 줄 모르는 여자는 결국 흥미롭지 못하다. 꼭 타고난 이목구비에 예쁜 외모를 갖고 있지 않더라도 당신은 충분히 예뻐질 수 있다는 진리. 비결은 역시 스타일이다!

평범한 외모인데 이상하게 끌리는 사람들이 있다. 우리는 예쁜 얼굴이 분명 아닌데도 묘한 아우라를 가지고 있어 어떤 옷이든 자신의 스타일로 소화해내는 사람들을 보곤 한다. 연예인들 중에도 데뷔 때에는 별로 존재감이 없다가 멋지게 스타일링하는 모습이 돋보여 대중으로부터 꾸준히 사랑받는 사람들도 많다.
비밀은 바로 매력! '예쁜 여자'와 '매력 있는 여자'는 절대 같은 말이 아니다. 예쁘다고 해서 그가 꼭 매력이 있으란 법은 없다. TV 속 스타들 중에는 예쁜 얼굴을 가지고 있지만 툭하면 '워스트 드레서'로 뽑힐 만큼 자기 스타일을 지니지 못한 연예인들도 수두룩하다.

자신의 철학 없이 스타일리스트가 입히는 대로 입는 듯한
인상을 주는 스타들도 보이는데,
그럴 때 나는 그로부터 매력이 더욱 떨어지는 것을 느낀다.
가만히 앉아 '나는 왜 이렇게 평범할까'라는 질문을 자신에게
던지지 말자. 동화 '미운 오리 새끼'에 나오는 막내 오리는
자신이 미운 오리가 아니라 우아한 백조였다는
사실을 어느 순간 깨닫고 하얀 날개를 펼쳐 비상했다.
안데르센이 동화 속에는 담지 않은 이야기가 있다.
백조가 된 그 오리는 못생긴 자신을 탓하는 와중에도
제 모습을 끊임없이 물에 비춰보았다. 물에 들어가 늘
깨끗하게 자신을 단장했을 것이다. 또한 수없이 날갯짓을
하며 쉬지 않고 연습했고 결국 날아오르지 않았던가.
물론 이건 그냥 내 추측이다. 모르긴 해도 미운 오리
새끼가 백조가 되기까지 우리가 알지 못할 노력들이
분명 있었을 것이다. 나 자신이 스스로를 미운 오리 새끼로
여기는 동안에는 아무 일도 일어나지 않을 테니까 말이다.

스스로를 잘 꾸미는
개성 만점 여자

매력 넘치는 여성이 되는 것은
당신에게 달린 숙제다!

원래 예쁜 여자?
스타일 없이 예쁘기만 하다면
참으로 지루하지 않은가.
신은 공평하다. 스타일로 당신
자신을 변화시킬 기회를 주셨으니까.
스타일 나게, 카멜레온처럼
자신의 매력을 스타일링으로
보여줄 줄 아는 여성은 누군가에게는
매 순간 새롭게 느껴질 것이다.
그런 당신을 어느 누가
궁금해 하지 않을 수 있을까?

Diet

Sexy Codi

Styling

Mentor Story

Make-up

샤넬,
그 유니크한 매력에
대하여

Gabrielle Bonheur Chanel

가브리엘 샤넬 (1883~1971)

'명품' 브랜드의 대명사 '샤넬'. 여성이라면 몇 개쯤은 꼭 갖고 있는 혹은 갖고 싶은 각종 아이템들이 샤넬 속에 있다. 고급스러우면서도 그만의 개성을 담고 있는 옷 하며, 선글라스 등의 액세서리, 화장품, 가방, 각종 향수까지……. 흉내 내기 힘든 다양한 상품들이 마치 유명 갤러리의 '아트작품'처럼 전시되어 있는 모습을 볼 때 감탄사가 절로 나오곤 한다.

가브리엘 샤넬. 지금은 '코코 샤넬'이라는 이름으로 더 잘 알려진 그녀는, 불우한 어린 시절 고아원에서 바느질을 시작해 세계에서 가장 유명한 패션 디자이너가 된 사람이다.
패션 디자이너로서 정상의 자리에 오른 그녀의 삶도 예사롭지 않지만, 그녀가 쏟아낸 갖가지 새로운 아이템들은 그야말로 '독보적'이며 '유니크'함의 대명사로 자리 잡았다.

샤넬이 디자이너로 활동하기 시작할 때쯤, 프랑스 여성들의 패션은 지금 우리가 상상할 수 없을 정도로 격식을 차린 모습이었다. 소위 챙이 커다란 모자를 쓰고, 몸에 꽉 끼는 코르셋은 필수, 그 위에 완전히 피트 된 롱 스커트나 드레스 차림으로 다니는 것이 보통이었다. 고아원에서 자랄 때부터 이미 프랑스 상류층의 그러한 격식 차린 차림과는 거리가 멀었던 그녀는 패션의 반란을 시도하기 시작한다.
아마 그 시절에 태어났다면 나 또한 그녀 이상으로 갑갑함을 느꼈을지 모르겠다. 패션의 경계가 무너지고 그야말로 개성의 시대에 돌입한 지금도 간혹 스타일난다의 패션이 다소 파격적이라고 느끼는 사람들이 있는데, 아마 그 시절의 나였다면 어떤 맹공격을 당했을지도 모를 일이다.

어쨌든 그녀의 시도는 상상을 초월하는 것이었다. 그동안 아무도 시도하지 않았던 챙이 짧은 모자를 쓰고, 여자들은 결코 상상도 할 수 없었던 '블랙' 컬러의 일자바지를 입었다. 그녀는 부자인 남편 덕에 프랑스에서도 상류층과 교류를 하고 지냈기 때문에, 그녀의 그런 파격적인 스타일은 사람들의 입방아에 오르내리기에 충분했다. 당시 '블랙'이라는 색깔은 남자들 옷 외에는 거의 사용되지 않았기 때문에 모든 사람들이 이를 생소하게 여겼음은 물론이다.
이것이 끝이 아니었다. 샤넬은 승마복으로만 입던 바지(우리 시대에는 '소방차 바지'라 부르던 옷, 변형된 형태의 배기 핏 팬츠도 지금 한창 유행이다)를 공적인 자리에 입고 나타나기

도 했으니……. 보지 않아도 주변 사람들의 반응은 상상이 가지 않는가.

샤넬은 그때부터 자신의 브랜드를 만들기 위한 준비를 시작했고, '모자 제작'을 시작으로 본격적인 패션 일을 시작했다. 그녀는 자신의 개성 넘치고 과감한 스타일링을 사업에 실질적으로 접목시켜나가면서 하나씩, 하나씩, 브랜드의 색깔을 규정해나가기 시작했다.
그녀는 후일 "가장 용감한 행동은 자기 자신에 대해 생각하고 그것을 크게 외치는 것이다."라고 말했을 만큼 개성이 강했다. 그녀는 자신이 추구해나가는 색깔에 자신이 있었고, 그것이 반드시 '자신만의 것'이 될 수 있다고 확신했다.
그녀는 미래 샤넬 패션의 비전 '심플함'으로 정하고, 당시 고전적이고 틀에 박힌 여성의 모습에서 벗어나 여성들도 편안하고, 심플하며, 때론 언밸런스함으로 고급스러운 여성미를 연출할 수 있다는 것을 믿었다. 그리고 그것은 현재까지도 이어지며 누구도 침범할 수 없는 그녀 고유만의 패션으로 자리하고 있는 것이다.

나는 '유니크'라는 말을 좋아한다. 남들이 하지 않는 것, 남들이 할 수 없는 것, 세상에 단 하나밖에 없는 것. 가브리엘 샤넬이 처음부터 성공에 돌입했던 것은 아니다. 지금은 그 누구도 손가락질하기는커녕 오히려 찬사를 보내며 동경의 대상이 되는 그녀도, 저음 사신만의 스타일을 시도했을 때는 엄청난 공격을 당했고, 시기와 질투의 대상이 되지 않았던가. 나는 패션업계에 종사하면서, 때론 나만의 개성을 추구하고 남들이 하지 않는 것들을 가장 먼저 시도할 때에 때때로 너무나 외롭고 힘들 수밖에 없다는 것을 당연하다고 느낀다. 그러한 외로움 속에서 더욱 유니크한 것이 탄생한다는 것을 믿으니까.
남들이 '아니'라고 고개를 저을 때 과감하게 밀고 나가는 것. 그것이 결국 샤넬처럼 명품을 넘어선 명품을 만들지 않았던가. 그래서인지 내가 만든 옷, 내가 선택하는 스타일링의 대상이 되어주는 많은 사람들에게 더욱 고마움을 느끼는지도 모르겠다. 그들은 결국 내 편, 내가 힘들 때 그것을 딛고 일어나게 해주는 원동력이 되어주니까 말이다.

'너무 파격적'인 것이 유니크'한 것이 되고, 여성들이 좀 더 자신 있게 개성을 표현할 수 있을 때까지, 이 길에 동반되는 어떤 외로움도 감수하려고 한다. 내가 만들고 선택한 아이템이 누군가에겐 자신을 돋보이게 해주고 기쁨을 채워주는 역할을 한다면, 그것이 내 외로움에 대한 충분한 보상이 되어줄 수 있으니까. 샤넬에게도 결국 그런 보상이 삶의 가장 큰 행복이 아니었을까.

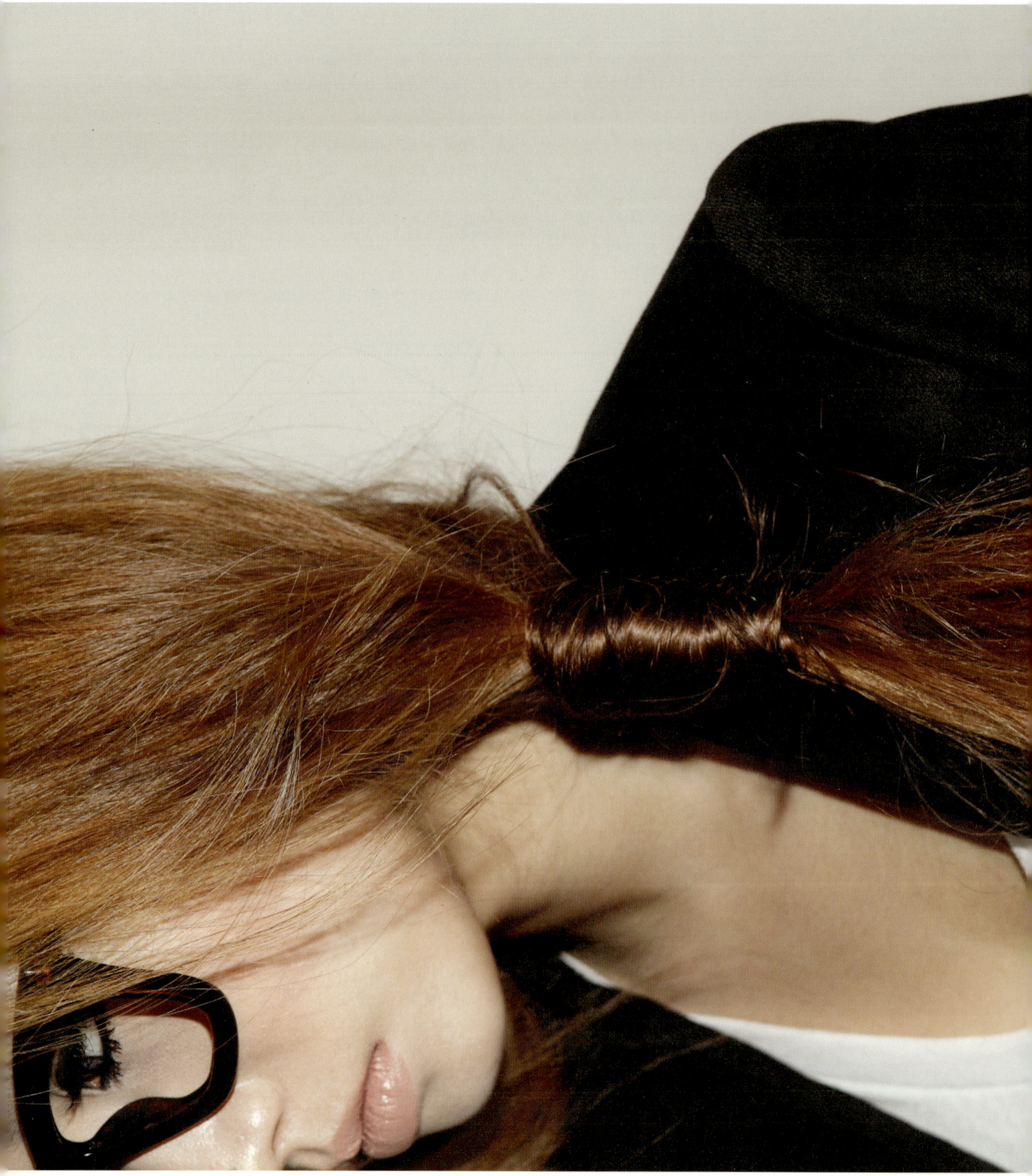

STYLE NANDA

www.stylenanda.com
since 2004

Part 4
시크한 여자

There is something CHIC about them!

시크하다는 것은 태도의 문제예요.
어떤 인상을 남기는 거죠.
감각적이거나 신비롭거나,
혹은 보이시하거나 여성스럽게 말이에요.
당신이 걷고 말하는 방식,
당신의 몸매를 드러내는 방식으로
시크함을 보여주겠죠.

– 소니아 리키엘 Sonia Rykiel (디자이너)

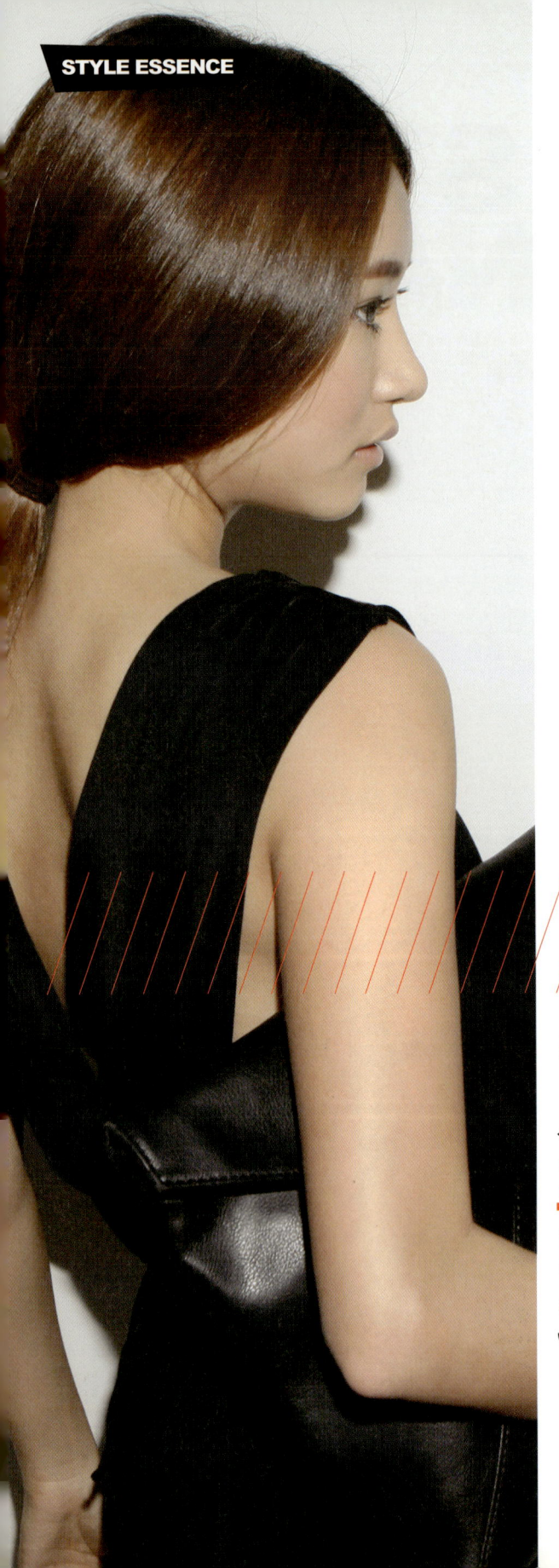

이보다 더
시크할 수 있을까?
프렌치 시크 French Chic 를
대표하는
3인의 여인들

Charlotte Lucy Gainsbourg
샤를로트 갱스부르

축 늘어뜨리거나 대충 묶어 부스스한 갈색 머리는 별다른 액세서리를 하지 않아도 그녀를 매우 아름다워 보이게 하는 트레이드마크가 된다. 또 티셔츠에 청바지, 가죽 재킷이나 트렌치코트, 그리고 굽이 낮은 옥스퍼드 슈즈나 로퍼, 운동화 등 그녀의 패션은 언뜻 특별할 것 없는 아이템들로 채워져 있다. 이렇게 그녀는 기교를 전혀 부리지 않으면서도 은은한 매력을 풍기는 파리지엔(Parisienne)의 대명사다. 파리지엔 스타일은 멋을 내지 않은 것만 같지만 그야말로 '묘한' 멋이 있다. 그만큼 흉내 내기 또한 쉽지 않은데, 아마도 이것은 프랑스인들의 예술적 감성이 패션과 어우러져 드러나기 때문인 것 같다.

트렌치코트 하나만으로, 일자 청바지에 하얀 셔츠를 입은 모습만으로도 충분히 멋스러워 보이는 그녀는 마치 깨질 것처럼 연약한 아름다움을 가졌다. 말라서 더 중성적으로 느껴지는 몸에는 옷을 대충 걸친 듯하고 비밀 많은 소녀처럼 알 수 없는 눈빛을 하고 있다. 프렌치 시크가 그렇듯 스타일링 어디에도 공들이거나 힘준 요소를 찾아보기 힘들다. 그저 물 흐르듯 자연스럽다. 무심한 듯, 꾸미지 않은 듯 자유롭고 편안해 보이는 그녀의 모습은 그 자체로 하나의 룩을 완성한다.

예술가 집안에서 부유하게 자랐지만 소형차를 몰고 다니며 허세에 젖은 여타 셀러브리티들과 확실히 다른 행보를 보이는 샤를로트 갱스부르. 에르메스 매장에 들어선 한 여인이 스카프 한 장을 한참동안 신중하게 고심하여 고른 뒤 작은 차를 타고 가버렸는데 그게 알고 보니 그녀였다는 일화가 전해진다고 한다. 실속 있고 현명하게 쇼핑할 줄 아는 그녀는 패션뿐만 아니라 라이프스타일에 있어서도 내 마음에 쏙 든다.

프랑스의 배우이자 가수. 부모의 예술성과 패션센스를 그대로 물려받은 샤를로트 갱스부르는 천재 뮤지션, 배우, 시인, 영화감독이었던 아버지 세르주 갱스부르(Serge Gainsbourg)와, 영국의 배우이자 1960년대 스타일 아이콘이었던 어머니 제인 버킨(Jane Birkin)사이에서 태어났다. 제인 버킨은 에르메스(Hermes)의 버킨백(Jane Birkin)의 명성으로도 익히 알려져 있다. 그야말로 프랑스판 '엄친딸'이 따로 없을 정도이다. 그녀는 프렌치 시크를 가장 잘 보여주는 여성으로 배우이자 가수라기보다 차라리 아티스트로 불러야 할 만큼 다양한 방면에서 뛰어난 예술성과 패션 감각을 보여준다. 세계의 수많은 디자이너들이 그녀로부터 영감을 얻었음을 숨기지 않을 정도다.

나의 감성을
늘 새롭게 충전해주며
자극을 주는
샤를로트 갱스부르,
그녀는 나의 영원한 뮤즈다!

Carine Roitfeld
카린 로이펠트

킬 힐과 마구 헝클어진 머릿결,
메이크업을 하지 않아
어딘가 피곤해 보이지만
번뜩이는 눈빛,
색이 거의 없는 누드빛 입술.

이 모든 것이 카린 로이펠트를 대표하는 것들이다. 2001년 이후 쭉 프랑스 파리 〈보그Vogue〉의 편집장을 맡아오다 최근 〈보그〉를 떠나게 된 그녀는 모델이자 스타일리스트 출신으로 프랑스는 물론, 세계 패션계에서 빼놓고 얘기할 수 없는 주요 인물이다. 패션계에서 '핵폭탄 윈투어'란 이름으로 악명 높은 미국 〈보그〉 편집장 안나 윈투어(Anna Wintour)와 항상 대비되는 인물이기도 하다. 영화 〈악마는 프라다를 입는다The Devil Wears Prada〉 속 편집장인 미란다

역할의 실제 모델로도 알려져 있는 안나 윈투어가 다소 고집스러워 보이는 뱅헤어를 고집하고 고상하며 도도한 스타일을 보여주는 반면, 카린 로이펠트는 좀 더 자유분방하고 과감하며 섹시한 매력을 보여준다.

그녀에게 패션은 생활이자 자유로움이면서 카리스마와 당당함을 보여주는 통로 같은 것이 아닐까? 그녀는 늘 화장기가 거의 없는 얼굴로 나타나지만 스모키 메이크업만큼은 잊지 않아 강한 눈빛과 카리스마를 보여준다. 클래식한 H라인 스커트나 수트를 입거나 퍼 재킷 등을 걸친 그녀는 분명 우아하면서 강렬하다. 그러나 억지로 멋을 낸 것 같거나 인위적이지 않다. 또 세계 패션 흐름을 쥐고 흔들 정도의 막강한 권력을 지녔음에도 그녀의 스타일에서는 권위와 딱딱함이 아닌, '뭐 어때?' 하는 식의 자유로움과 위트가 느껴진다. 경직되고 쏘아붙일 듯한 카리스마가 아니라, 어떤 자리에서도 사람들과 쉽게 융화되고 상대의 말에 귀 기울일 것 같은 여유가 보인다. 쏟아지는 카메라 세례에도 매번 환한 미소를 보여줄 줄 아는 카린은 삭막할 것 같은 패션계에서도 정말 그녀의 일을 즐긴다는 인상을 준다.

또한 패션지 편집장이기 이전에 최고의 스타일리스트로 명성이 높기 때문에 그녀 자신을 스타일링하는 데에 있어서도 한 치의 오차도, 과함도 없어 보인다. 그래서 늘 컬렉션 쇼장에 나타난 그 어떤 스타들보다도 그녀에게 쏟아지는 언론의 관심이 남다를 수밖에 없다.

그녀는 어떤 자리에서도 핸드백을 들지 않기로도 유명하다. 작은 백을 드는 것보다 주머니에 손을 넣고 있는 게 훨씬 더 좋다고 그녀는 말한다. 그녀의 사진을 보면 손목시계와 같은 액세서리도 거의 착용하지 않는 것을 알 수 있다. 또한 그녀는 보톡스 주사가 이마를 이상하게 만들어서 싫다고 말한 적도 있다. 한마디로 'No Bag, No Watch, No Botox'인 셈이다. 60세에 가까운 나이가 믿어지지 않을 만큼 20대 못지않은 몸매와 아름다움을 지닌 그녀. 때론 파격적이면서 과감한 스타일링으로 각선미를 드러내기도 한다. 세계 패션 에디터들이 그녀는 물론, 그녀가 이끌고 다니는 롱다리의 마른 에디터들을 보고 다이어트 스트레스를 받을 정도라고.

카린 로이펠트는 섹시하다는 말로는 부족할 만큼 묘한 퇴폐미를 가지고 있다. 우리 엄마 또래의 아줌마가 이토록 섹시할 수 있다니!

탄력 있는 몸과 패션 센스는 그녀의 나이를 아예 잊게 만들 정도라서 여전히 '핫'하다는 느낌을 지울 수 없다. 60대의 성공한 커리어우먼에게서 찾을 법한 권위적인 태도 따위는 그녀에게서 찾을 수 없다. 그저 프렌치 시크의 정석이자 그녀 자체로 아이콘이라 할 수 있는 카린 로이펠트의 스타일만이 남을 뿐이다. 여자라면 그 어느 누구라도 그녀처럼 자연스럽게, 시크하게 나이 들어가기를 원하지 않을까?

Lou Doillon
루 드와이옹

예쁜 외모는 아니지만 약간 튀어나온 앞니와 고양이처럼 뇌쇄적인 눈빛을 가진 루 드와이옹. 프렌치 시크를 대표하는 모델이자 배우, 뮤지션이며 샤를로트 갱스부르의 이복동생으로도 잘 알려져 있다. 그녀의 엄마인 제인 버킨의 젊은 시절을 떠올리게 할 만큼 엄마를 많이 닮았다.

샤를로트 갱스부르가 아티스틱하면서 소녀 같은 연약함으로, 카린 로이펠트가 당당한 커리어와 함께 섹시함으로 프렌치 시크를 보여주고 있다면 루 드와이옹은 좀 더 젊은 세대들이 열광할 만한 프렌치 시크의 정석을 보여준다고 할 수 있다.

> 빈티지한 아이템을
> 적절히 믹스앤매치할 줄 아는 그녀!
> 클래식과 현재를 자연스럽게 넘나드는
> 그녀의 스타일은
> 파리의 스트리트에서 만날 수 있는
> 사랑스런 소녀들의 룩을 대표한다.

독특한 모자들과 서스펜더(멜빵), 가죽 재킷이나 매니시한 재킷 등을 자유자재로 매치시켜 때로는 톰보이처럼, 때로는 보헤미안처럼 변신한다. 그 중 내가 그녀에게 가장 잘 어울린다고 생각하는 모습은 록시크(Rock Chic)룩이다. 록시크룩은 80년대 로큰롤과 클러빙을 즐기던 젊은이들로부터 얻은 영감으로 탄생한 룩이다. 자유분방하면서 다소 거칠고 터프하여 반항적인 느낌마저 주는 이 스타일은 그녀에게 정말 꼭 맞는 옷처럼 잘 어울린다.

그녀는 우리나라 사람들이 보기에 결코 예쁘다고 할 수는 없는 얼굴이다. 하지만 프랑스에서 왕성한 활동을 펼치는 모델로서 그녀를 잡지에서 심심치 않게 볼 수 있는 것은 우리와 미의 기준이 다른 그들의 풍토 때문일 것이다. 프랑스인들은 자유로운 정신세계와 독특한 패션센스를 지닌 사람을 아름답다고 여길 줄 아는 것 같다.

유행이나 전형적인 아름다움을 거부하는 루 드와이옹의 모습은 파파라치 컷 속에서도 화보 속에서도 멋지다.

자유분방하고 세련된 그녀의 스타일링에는 히피의 정신이 담긴 듯하다. 그녀는 빈티지한 아이템들을 명품과 자연스럽게 매치할 줄 아는 능력자다. 그녀가 선택하면 늘어난 티셔츠 위에 샤넬 트위드 재킷을 걸치고 스니커즈를 신더라도 완벽하게 어울린다. 싸구려든 고가의 명품 아이템이든 그것들을 섞어 너무나 내추럴하게, 적절하게 매치하는 것이다. 루 드와이옹의 옷장이 궁금하다. 거기에는 온갖 사랑스러운 빈티지 아이템과 클래식한 명품들이 절반씩 사이좋게 자리를 차지하고 있을 것만 같다.

ITEM
CHIC

파리|Paris의
오래된 카페에서 마주친
파리지앵 언니들처럼 변신!
프렌치 시크를 배우고 싶어?

세련되었지만 모두 보여주지 않겠다는 듯,
묘한 매력을 가진 프렌치 시크 스타일이 궁금하다.
애써 손질하지 않고 부스스하게 내버려둔 헤어스타일과
일부러 완벽해 보이기를 거부하는 것처럼 보이는 이 무심한 스타일링은
쉬워 보이지만 결코 따라 하기가 쉽지 않다.
어쩌면 우리는 시크한 그녀들의 스타일을 배우기 전에
그들의 태도나 정신세계를 공부해야 할지도 모르겠다.
외출 전에는 거울 앞에서 한 가지 아이템을 뺀다고 말한
케이트 모스(Kate Moss)의 말을 명심하자.

도대체
시크한 게 뭐예요?

'시크하다'는 말은 깨물어주고 싶을 만큼 귀엽고 아기자기하거나 로맨틱한 것들과는 다소 거리가 있어 보인다. '시크(Chic)'라는 단어의 사전적 의미를 찾아보면 '세련되고 멋있다'라고 나와 있다. 하지만 뭔가 부족한 설명처럼 느껴진다. 언젠가부터 우리는 자연스럽게 다양한 상황에 맞춰 시크하다는 말을 자주 쓰고 있으니 말이다. '정도에 맞게 과장됨 없이, 또 너무 드러내놓지 않는 적절함' 정도로 나름의 정의를 더하려다가도 역시 턱없이 모자란 설명인 것만 같은 건 왜일까?
한 여자가 내 앞을 지나간다.

어딘가 도시적이고 차갑지만
지적인 느낌의 언니로군.
무채색에 낮은 채도로
톤 다운된 컬러들을 적절히 매치했어.
절제되면서 세련된 스타일링이 아주 완벽해.
단순한 디자인이지만 고급스러워 보이고
성숙된 이미지, 정말 마음에 드는걸.

썩 마음에 드는 그녀의 스타일을 두고 머릿속에 여러 가지 생각들이 스친다. 그리곤 비로소 이 모든 생각이 정리되어 외친 한마디 말.

저 여자 정말 시크하다!

시크하다는 말이 품고 있는 의미가 새삼 너무나 다양하고 복잡해서 어렵게 느껴지는 것만 같다. 시크하다는 말은 결국 시크하다는 말로밖에 설명이 안 된다고 느껴질 지경이니 말이다.

시크 예찬

모던(Modern), 미니멀(Minimal), 심플(Simple), 스타일리시(Stylish), 어반(Urban)…… 등.
시크하다는 말은 이런 용어들을 한꺼번에 품었다. 적어도 우리나라에서는 그렇게 쓰이는 것 같다. 세련된 패션 스타일을 설명할 단어들의 공집합 같은 말이다.

아, 이 오묘한 말, Chic! 어디에 갖다 붙여도 그럭저럭 의미가 통하고 다양한 속뜻을 짐작케 하는 참 재미진 단어다! 블랙이란 컬러가 시크 스타일에 필수 단골 컬러이며 또한 어떤 스타일에도 완벽하게 어울리듯, 시크하다는 말은 정말 어디에 붙여도 희한하게 어울리고 마는 매력이 있다. 그래서 나는 예쁘다는 말보다 귀엽다는 말보다 시크하다는 말이 더 좋다. 어딘가 모자란 듯, 하지만 절대 과하지 않고 적당히 멋스럽다는 그 말!

또 요즘 10, 20대 사이에서는 성격에 빗대어서도 시크하다는 말을 많이 사용한다는 사실, 재미있지 않은가. 관심 없다는 듯 무뚝뚝하게 굴거나 거만하고 권태롭게 구는 행동을 보이는 사람에게 '저 인간 참 시크하구먼' 한다는 얘기다. 차도녀(차가운 도시의 여자), 혹은 차도남의 이미지랄까. 칭찬처럼 들릴 만한 말은 아니지만 그렇다고 아주 나쁘게 깎아내리는 말도 아닌 것 같다. 알쏭달쏭하게 어떤 여자를 남겨두는, 그렇게 애매하면서 여러 가지 해석이 가능한 말. 우리가 시크하다는 말을 잘 몰랐던 때에는 세상의 모든 멋진 것들을 도대체 어떤 말로 표현했는지 모르겠다!

My Wannabe

시크 룩
Chic Look

트렌치코트
Trench Coat

롱 드레스
Long Dress

it Styling

팝 컬러 립스틱
POP Color Lip

블랙 & 화이트
Black & White

셀프 네일 꾸미기
Self Nail Art

CHIC LOOK

시크 룩

블랙은 다양한 느낌을 표현한다. 블랙을 잘 이용하면 특히
섹시하거나 시크해 보일 확률이 높아진다.
어두운 블랙 아이템들로만 매치해 전체적으로 무거운 느낌이
들면 신발이나 액세서리 등으로 캐주얼하게 풀어줄 수 있다.
그래서 올 블랙 코디에 블랙 사각 뿔테 안경과
빈티지한 귀걸이로 센스를 더했다. 블랙만으로 스타일링을
마치면 다소 답답해 보일 수 있어 밝은 컬러의 머리를 깔끔하게
정리해서 올리고 발목을 슬쩍 드러내어 마무리했다.
라인이 예쁜 배기 핏 팬츠에는 단화나 워커가 잘 어울린다.
여기에 흔히 예상되는 높은 굽의 구두를 신었다면
오피스 룩이 될 수 있겠지만 굽이 낮은 신발을 신어 시크하면서도
편안해 보인다. 최근에는 가방 끈을 짧게 매는 것보다
힙 선 옆까지 길게 늘어뜨려 매는 것이 유행이다.

올 블랙 코디에
답답하지 않도록
시원하게 올려 묶은 머리

카리스마를 더하는
사각 뿔테 안경

보이시한 느낌의
독특한 블랙 재킷

허벅지까지
길게 내려오는
빅 백

날씬해 보이는
블랙 배기 핏
카고 팬츠

투박한 매력의
블랙 워커

매력이란 게 쉽게 설명되지 않듯 시크함에는 정답이나 룰이 없다. 다만 시크하다는 인상을 풍기기 위해 머리끝부터 발끝까지 스타일에 힘을 줬다는 느낌이 들어서는 안 된다. 굳이 여러 가지 튀는 아이템들을 어렵게 매치하는 것보다 <mark>청바지에 티셔츠, 재킷처럼 기본으로 스타일링하는 편이 낫다.</mark> 기본 아이템들이 잘 조화될 때 그 자체가 시크해 보이기 때문이다. 기본 안에서 약간씩 디테일이 다른 아이템들을 선택한다. <mark>나그랑 티셔츠, 어깨가 큰 재킷, 발목이 드러나는 배기 핏 데님.</mark> 그리고 여기에 빅 백을 반으로 접어 드는 정도의 센스라면 무심한 듯 시크해 보일 것이다.

헝클어져 더욱 멋스러운 긴 머리

하얀 바탕의 래글런 티셔츠

시크하게 반으로 접어 옆구리에 살짝 끼우는 빅 백

어깨가 넓어 우즈하게 흘러내리는 블랙 재킷

발목이 드러나 발랄한 밝은 컬러의 청바지

발앞이 트여 시원한 느낌의 우드 웨지 슈즈

JUST TRY IT, NOW!

파리나 뉴욕 등 컬렉션이 열리는 날, 쇼장 바깥 풍경은 쇼가 열리는 런웨이만큼 핫한 스타일의 사람들로 넘친다. 모델이나 디자이너는 물론 이름 있는 패션잡지 편집장이나 에디터, 바이어 등 그들의 스타일은 매해 주목받는다. 평범한 가죽 재킷에 축 늘어진 티셔츠 차림이라도 결코 가볍지 않으며 권위 있어 보이기까지 하는 그들의 비밀은? 그들의 스타일을 연구하고 거기서 배우는 것도 방법!

black jacket + skinny denim pants

black t-shirts + white jacket

white shirt + baggy white pants

white t-shirts + high waist black pants

black t-shirts + high waist black pants

white shirts + black skirt

샐러드가 신선한 재료만으로 맛있는 것처럼 청바지와 티셔츠, 재킷은 그 자체로 멋진 조합이다. 적당히 차려입은 느낌을 주면서도 여기에 운동화를 신어 활동적이고 지적인 모습 모두를 보여줄 수 있다. 또 빅 백이나 뿔테 안경, 독특한 액세서리 역시 기본 스타일에 매치하면 예상을 깨는 멋스러움이 파생될 수 있다. 박시한 티셔츠와 타이트한 하이 웨이스트 팬츠는 굽이 높은 구두와 잘 어울린다. 한두 가지 컬러만 이용해 스타일링했다면 비비드한 컬러의 다이어리나 지갑을 클러치백과 겹쳐 손에 드는 것도 시선을 끄는 노하우.

나는 우연히 인터넷 검색을 하다 보게 된 글에서 온 국민의 시크 예찬을 깨달았다. 시크한 스타일링에 대한 질문과 친절한 조언이 담긴 글이었는데, 그것은 초등학생들의 대화였다. 자칭 '시크녀'로 통한다는 6학년 언니는 그녀만의 노하우를 후배에게 제법 진지하게 설명하고 있었다. 어린이들도 고민하는 시크 스타일, 대세는 대세인가 보다.

white t-shirts + skinny denim pants

white, blue jacket + skinny denim pants

black jacket + black leggings

white shirt + black leggings

white t-shirts + blue long skirt

gray, black jacket + white pants, skirt

핏이 좋은 재킷은 일당백 아이템. 평범한 스타일에 재킷 하나 입는 것으로 전체적인 실루엣이 살아난다. 넉넉한 사이즈의 블랙 컬러 보이프렌드 재킷을 트렌치코트처럼 여며 입는 것도 시크해 보인다. 여기에 베레모나 뿔테 안경 등을 잘 매치하면 빈티지함이 더해져 몽마르뜨 언덕의 예술가 같은 느낌마저! 티셔츠와 팬츠를 한 가지 톤으로 몸에 핏 되도록 입은 뒤 헐렁한 화이트 셔츠를 재킷처럼 밖에 입은 모습도 청순하면서 시크한 느낌을 동시에 준다. 셔츠를 오픈해 입는 방법에는 분명 어딘가 헝클어진 분위기와 묘하게 섹시해 보이는 판타지가 있는 것 같다. 시크함은 헤어에서 느낌이 오는 경우가 상당하다. 대강 묶어 잔머리를 내놓거나 살짝 부스스하게 헝클어뜨리는 것이 포인트.

JUST TRY IT, NOW!

가을 분위기가 물씬 풍길 것 같은 트렌치코트는 잊어라. 이미 계절의 경계는 없어졌다. 좋은 원단에 다양한 컬러, 다양한 디자인의 코트들이 당신을 유혹한다. 특히 코트처럼 오래 두고 입을 아이템은 다소 비싸더라도 좋은 원단으로 만들어진 옷을 고르는 게 진리. 크림 아이섀도의 컬러를 그대로 담은 것 같은 파스텔 컬러와 실크만큼 감촉이 좋은 코트 하나로도 시크함이 뚝뚝 흐른다. 오래된 영화 속 지적이고 사랑스러운 여자 주인공으로 변신하는 것은 트렌치코트 한 장이면 충분하다.

mint trench coat + black leggings

black trench coat + black pants

beige trench coat + white leggings

black trench coat + black leggings

beige, sky-blue trench coat + white leggings

black trench coat + white pants

큐프라 원단은 적당한 광택과 촉감이 있고 실루엣이 예쁘게 떨어져 재킷류나 트렌치코트 원단으로 적당하다. 카키 컬러 코트에 레드 립 컬러는 생기 있어 보인다. 여기 카키와 잘 어울리는 밤색 우드 웨지 힐과 가방으로 포인트를 줄 것. 낮은 단화에 하이 웨이스트 블랙 팬츠와 늘어진 흰 티셔츠를 매치하고 트렌치코트를 오픈해 입으면 깔끔하면서 똑소리 나게 일 잘 하는 여성의 이미지까지 보여줄 수 있다. 소매가 없는 조끼형 롱 코트를 같은 컬러의 티셔츠와 매치해도 활동적으로 보이면서 트렌치코트를 입은 것처럼 느껴져 시크하다. 트렌치코트에 빅 백과 알이 큰 선글라스의 만남은 지적이고 비밀스런 느낌을 더해준다.

TRENCH COAT

트렌치코트

유럽의 클래식함이 풍기는
커다란 챙의 모자

실키한 쉬폰 소재의
블랙 트렌치코트

기본 베이지 컬러의 더블 버튼 트렌치코트는
클래식한 멋의 정석. 하지만 트렌치코트의
컬러나 소재가 다양해져 선택의 폭이 넓어진 만큼
바람에 하늘거리는 실크 쉬폰 소재의 블랙 컬러도
시도해보자. 단정하면서도 세련된 여인의
향기가 물씬 풍긴다. 목걸이나 귀걸이 같은
장신구는 화려하지 않은 걸로 선택하거나
아예 생략해도 좋다. 트렌치코트 자체로
완벽하기 때문. 허리 부분에
벨트가 있다면 가볍게 대강 한 번
묶어주고 소매를 살짝 걷어
올려 입으면 맵시 있어 보인다.
벨트를 타이트하게 조여 매주면
트렌치코트를 원피스처럼
날씬하게 입을 수 있다.

컬리 포인트를 위해
일부러 꺼내 든
비비드 컬러 지갑

투박하지만
시크해 보이는
빅 사이즈 클러치 백

지갑과 함께
포인트 컬러가 되는
팬츠

발등이 살짝 드러나는
오픈 토 슈즈

ELEGANCE IS A QUESTION OF PERSONALITY, MORE THAN ONE'S CLOTHING.

우아함이란 옷차림보다도 매력에 대한 문제다.

– 장 폴 고띠에 Jean-Paul Gaultier

LONG DRESS

롱 드레스

블랙 롱 드레스로 보여줄 수 있는 코디 방법은 정말 많다.
빈티지한 데님 재킷과 입어도 예쁘고
카디건이나 얇은 셔츠, 혹은 이것 하나만 단독으로
입어도 시크해 보이는 아이템. 그려낼 게 많아서
상상력을 더해 자유롭게 시도하게 만드는 이 멋진
롱 드레스! 블랙 롱 드레스에 어떤 액세서리,
구두, 컬러를 포인트로 더하느냐에 따라
분위기가 확 달라질 수 있는데, 호피 무늬 구두와
광택 나는 소재의 핫핑크 재킷으로
여성스러우면서 화사한 느낌까지 준다.
기본 롱 드레스가 발랄한 핫핑크를 만나
세련된 매력을 더해준다.

기본 핏에 은은한 광택이 나는
핫핑크 컬러 재킷
(어깨에 살짝 걸친 것)

노트북 가방처럼 보여
투박한 빅 사이즈
클러치 백

은근히 몸매가 드러나는
블랙 기본 롱 드레스

발목을
더욱 날씬하게
블랙 레깅스

호피무늬가 적절히
프린트된 힐

JUST TRY IT, NOW!

시원시원하게 각선미를 드러내는 하의실종 패션의 유행이 계속되는 와중에 정반대의 롱 드레스가 사랑받는 것은 다소 의아하지만 하비(하체비만)족에게는 이 얼마나 반가운 일인가 말이다. 리조트 해변을 거닐어야 할 것 같은 화려한 프린트의 맥시 드레스나 기본 롱 드레스, 언밸런스한 길이의 롱 드레스 등은 여성스러움과 우아함, 시크함까지 모두 갖고 있다. 키가 작아도 두려워 말자. 작으면 작은 대로 사랑스럽고 귀여운 이미지까지 노릴 수 있다.

white long dress

gray long dress + red cardigan

gray long dress + gray cardigan

black long dress

gray long dress

black blouse + black long skirt

아크릴이 많이 함유된 얇은 니트는 얇고 차가운 실로 만들어져 살에 닿는 느낌이 시원하고 부드럽다. 또한 몸매가 예쁘게 드러나기 때문에 평소에는 물론 한여름 휴가지에서도 시원하게, 멋스럽게 연출하기 충분할 것이다. 치마 길이가 비대칭인 언밸런스 화이트 롱 드레스가 우아하고 여성스럽다면, 블랙 롱 드레스는 차분하고 날씬해 보인다. 여기에 레깅스를 더해 정돈된 느낌을 더하면 은근하게 드러나는 몸의 곡선과 함께 한껏 페미닌한 느낌을 연출할 것! 롱 드레스 위에 루즈한 카디건 하나만 가볍게 걸쳐도 편안하고 우아한 스타일이 완성된다. 굳이 힐을 신지 않더라도 발등이 시원하게 드러나는 단화, 운동화 등 굽이 낮은 신발들과 매치할 때 자연스럽고 시크해 보인다. 코디하기조차 귀찮은 휴일, 그래도 스타일을 포기할 수 없다면 롱 드레스가 답이 되어주기도 한다.

BLACK & WHITE

블랙 & 화이트

어떤 셀러브리티의 지인에게 들은 말인데, 패션에
일가견 있는 그의 옷장은 블랙과 화이트만으로 정확하게 구분,
정리되어 있다고 했다. 이 상반되는 두 가지 컬러를
제대로 매치하고 잘 이용할수록 궁극의 스타일 능력자!
블랙과 화이트 컬러 자체에서 오는 고급스럽고 우아한 느낌에
빠져보자. **아래로 예쁘게 떨어지는 화이트 원피스는
몸매가 적당히 드러나도록 드레이핑된 제작 상품으로
청순하고 여성스러워 보이는데, 여기에 루즈한
블랙 그물 니트를 매치했다.** 아래로 자연스럽게
쳐지는 느낌의 니트로 인해 더욱
드레시한 스타일이 완성됐다.

블랙의 강한 느낌을
희석시키는
빅 리본 머리띠

블랙 컬러의
챙이 넓은 모자

우아함의 절정,
진주 목걸이

시원시원하고
날씬한 실루엣의
블랙 점프 수트

슬림해 보이는 스타일링과
대비되어 신선한
블랙 빅 백

글래머러스하면서
시크해 보이는
루즈 핏 그물 니트

드레시해서
더 여성스러운
순백의 원피스

발등이 드러나
답답함을 피한
스트랩 샌들

JUST TRY IT, NOW!

블랙 앤 화이트로 옷을 입는 것은 가장 쉬우면서도 실패할 확률이 적은 스타일링 방법이다. 게다가 시크해 보인다. 코디할 시간이 없어 급하다면 둘러볼 것도 없이 화이트 셔츠에 블랙 팬츠를 대강 집어 입어도 성공일 것이다. 동양인의 피부톤이나 머리색에도 잘 어울리는 컬러이므로 가까이 두고 자주 사랑해줄 아이템들은 반드시 블랙 앤 화이트로 갖추고 있을 것!

white shirts + black long skirt

black, white t-shirts + high waist white pants

stripe t-shirts + high waist black pants

stripe shirts + black long skirt

black jacket + white hot pants

black jacket + white t-shirts

안이 살짝 비치는 화이트 셔츠와 블랙 언밸런스 롱 스커트는 여성성을 극대화시켜준다. 셔츠 안에는 블랙 탑을 입어 스커트와 컬러를 통일해주면서 섹시한 느낌까지 준다. 정직한 올 블랙 코디나 블랙 앤 화이트 코디에 뿔테 안경과 같은 액세서리나 립 컬러로 포인트주는 것만으로 첫인상이 달라진다. 블랙과 화이트로 이루어진 스트라이프 티셔츠 하나면 눈에 확 들어오기 때문에 스타일이 완성될 수 있다. 요즘은 재킷을 살짝 어깨에 걸치는 것이 시크의 상징이 되었으니 꼭 시도할 것. 시폰 언밸런스 스커트는 여성들이 가장 좋아하는 최고의 인기상품이다. 블랙 레깅스와 매치하자.

"검정은 유니폼이나 마찬가지다. 낮이나 밤이나 잘 어울린다.
완전한 색이다. 그리고 언제나 섹시하다."
– 도나 카란 Donna Karan

BEAUTY
NAIL&LIP

"POP" COLOR LIP

강렬하고 세련된 레드 & 핑크 컬러가 나타났다.
'스타일난다'의 핫한 코스메틱 브랜드,
3 CONCEPT EYES의 립 컬러를 소개합니다!

팝 컬러 ♥ 립스틱

스타일리시한 그녀들의 필살기 공개!
이토록 매혹적인, 거울 속 당신을 반하게 만들 립 컬러

여름을 기다리던 입술이 화려함을 입었다! 네온 등을 켠 듯,
핫하고 강렬한 컬러가 모두의 시선을 끈다.
바야흐로 팝 컬러 전성시대가 열렸으니, 즐겨라!
아무 것도 바르지 않은 흐리멍덩한 입술은 이제 그만 안녕.
과감하게 입술에 색을 입혀줄 때가 왔다.
팝 컬러가 완벽한 트렌드로 예고된 지금이 아니면,
앞으로 몇 년 뒤에 유행이 돌아올지 모를 일. 때는 지금이다!
이번 시즌만큼은 당신의 입술을 제대로 책임져줄
팝 컬러 립스틱에 홀릭해보자. 앤디 워홀의 그림에서
'POP'하게 튀어나온 컬러의 매력이 한여름 밤 칵테일만큼
유혹적이다. 바캉스를 떠난 바닷가, 뜨거운 태양 아래에서도
돋보이는 건 당신뿐일 것이다.

심플 롱 드레스에 가볍게 메이크업하고
팝한 핑크 컬러로 포인트를 줄까?
펑키한 그래픽이 그려진 티셔츠와 핫팬츠,
팝 코럴 립글로즈가 천생연분이지!
매니시하고 포멀한 수트에 레드 립스틱이 주는
반전만큼 멋진 게 있을까?

팝 '아트'? 컬러가 예술!
'스타일난다'의 다크호스
3 CONCEPT EYES의 립스틱과 립글로스
made by NANDA

'스타일난다'에서 런칭한
코스메틱 브랜드(since 2009)는
핑크, 오렌지, 베이지
이렇게 3가지 립 컬러를 테마로 전개된다.
립스틱을 시작으로 현재 160여 가지의
다양한 아이템이 출시.
트렌디한 컬러와 우수한 품질로
언니들의 아낌없는 사랑을 받는 중!

1 LIP PIGMENT #Neon Pop Pink

섹시한 카리스마, 핫핑크 컬러 립 피그먼트. 립스틱이 아닌 크
림 타입의 새로운 립 제품으로, 브러시를 사용하거나 손가락
을 이용해서 바른다.

2 LIP GLOSS #Friday Night

오렌지 빛이 도는 레드 컬러. 한두 번 터치로는 입술에 생기를
주는 틴트처럼. 여러 번 발랐을 때는 풍부한 립스틱의 느낌까
지 다양하게 연출이 가능하다.

3 LIP PIGMENT #Neon Pop Orange

흔하지 않은, 그야말로 형광 오렌지 컬러.
남국의 과일 컬러를 그대로 훔쳐낸 것처럼 진하고 강렬한
오렌지 컬러다.

4 LIP STICK #308 Pink Jam

누구나 꿈꾸는 핑크빛 입술! 입술을 선명하고 예쁘게 연출해
주는 핑크 립스틱이다. 살짝 매트한 텍스처에서 오는 느낌은
팝한 핑크 컬러임에도 지적인 인상을 줄 수 있다.

깔끔한 스트라이프

NAIL LACQUER #WH01, #BK01, Top Coat

1 화이트(#WH01)로 컬러링을 합니다. 적당히 마른 뒤 한 번 더 발라주세요.

2 얇은 붓을 이용해 블랙(#BK01)으로 줄무늬를 그려줍니다. 한 번에 완벽히 그리려 하지 말고 마른 뒤 덧발라주면 또렷해져요.

3 충분히 마르면 투명 탑 코트(Top Coat)를 발라주세요(완벽히 마르지 않고 바르면 번질 수 있으니 주의).

4 화장솜이나 면봉에 리무버를 묻혀서 손톱 주변을 정리해줍니다.

Self Nail Art _3 concept eyes nail lacquer

팝아트처럼 포인트 주기

NAIL LACQUER #BK01, #YE03, #GY01, #GN10, #BL08, #BL09, Top Coat

1 블랙(#BK01)으로 컬러링을 해줍니다. 적당히 마른 뒤 한 번 더 발라주세요.

2 각 손톱에 지정된 포인트 컬러들을 이용해 사진과 같이 그림을 그리듯, 전체적인 윤곽을 잡아주세요.

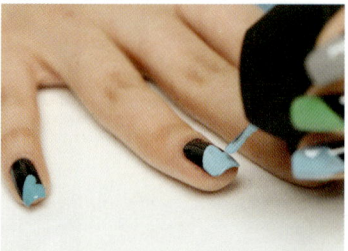

3 먼저 그려놓은 윤곽을 따라 색이 더욱 선명하게 나올 수 있도록 색을 채워주며 한 번 더 발라줍니다.

4 충분히 마르고 나면 투명 탑 코트(Top Coat)를 발라 마무리(탑 코트는 윤기를 내고 컬러를 픽스해주는 역할을 합니다)!

1 핑크(#PK12)로 컬러링을 해줍니다. 적당히 마른 뒤 한 번 더 발라주세요.

2 얇은 붓에다 바탕보다 진한 핑크(#PK10)를 적당히 묻힌 뒤 위와 같이 점을 찍듯, 호피 모양 느낌이 들게 불규칙적으로 그려줍니다.

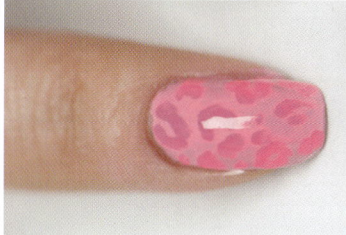

3 액을 너무 많이 찍어 그리면 번질 수 있으니 유의하세요. 지나치게 많은 무늬를 그리면 모양이 예쁘지 않아요.

4 충분히 말려준 뒤 투명 탑(Top Coat)를 발라 마무리합니다.

깜찍한 호피

#PK10, #PK12, Top Coat **NAIL LACQUER**

**정말 혼자 한 거야? 친구가 자꾸 물어본다. 혼자서 센스 있게 따라 해보는 셀프 네일 아트!
이제부턴 네일숍에 가지 않아도 된다. 내 손톱 위에서 펼쳐지는 상큼하고 멋진 컬러늘의 향연!**

1 각 손가락마다 마음에 드는 컬러로 다양하게 컬러링을 해줍니다.

2 마른 뒤에는 한 번 더 발라주세요. 그리고 다음 단계로 가기 전까지 충분히 시간을 갖고 말려줍니다.

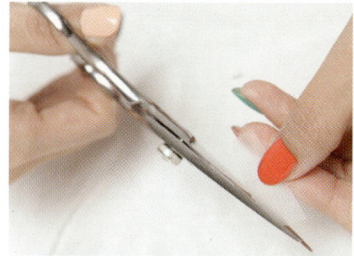

3 테이프를 적당한 크기로 프렌치(손톱 끝에 칠하기)해줄 모양대로 자릅니다(접착력을 줄이기 위해 손바닥에 붙였다가 떼어 쓸 것).

4 프렌치를 할 부분 아래쪽에 테이프를 붙이고 그 위에 원하는 컬러로 발라주세요. 모두 마른 뒤에 테이프를 제거하고 투명 탑 코트(Top Coat)로 마무리!

컬러풀 프렌치

#BE01, #BE02, #GN02, #GN04, #VL06, #NV01, #RD01, #PE02, #BR03, #PK08, Top Coat **NAIL LACQUER**

NOW,
I REALIZE THE FASHION IS MORE IMPORTANT THAN POLITICS. BECAUSE ALMOST PEOPLE
CONCENTRATE MORE ON JACKIE'S
CLOTHES LESS MY SPEECH.

이제, 나는 패션이 정치보다 훨씬 더 중요하다는 사실을 막 깨닫고 있다.
사람들이 내 연설보다 재키의 옷에 더 집중하기 때문이다.

— 존 에프. 케네디 John F. Kennedy

FASHION IS A FEELING. THERE SHOULD BE NO REASON.

패션은 느낌이다. 이유가 있어서는 안 된다.

– 크리스티앙 디오르 Christian Dior

CHIC,

시크하기 위해서는 억지로 연출하지 않아야 한다.
자주 입는 듯 빈티지한 스티니진에 편안한 탑, 대충 걸쳐 입은 듯 헐렁한 트렌치코트는
검은 빅 백과 멋드러지게 조화를 이룬다. 여기에 빨간 구두로 포인트를 주면 Easy Chic Look 완성!

and CHIC

적절한 액세서리는 시크 룩에 자연스러운 멋을 더한다.
종아리를 날씬하게 해주는 배기 핏 팬츠와 베이식한 반팔 티셔츠.
그리고 아무렇게나 묶은 듯 부스스한 머리는 시크함의 절정!

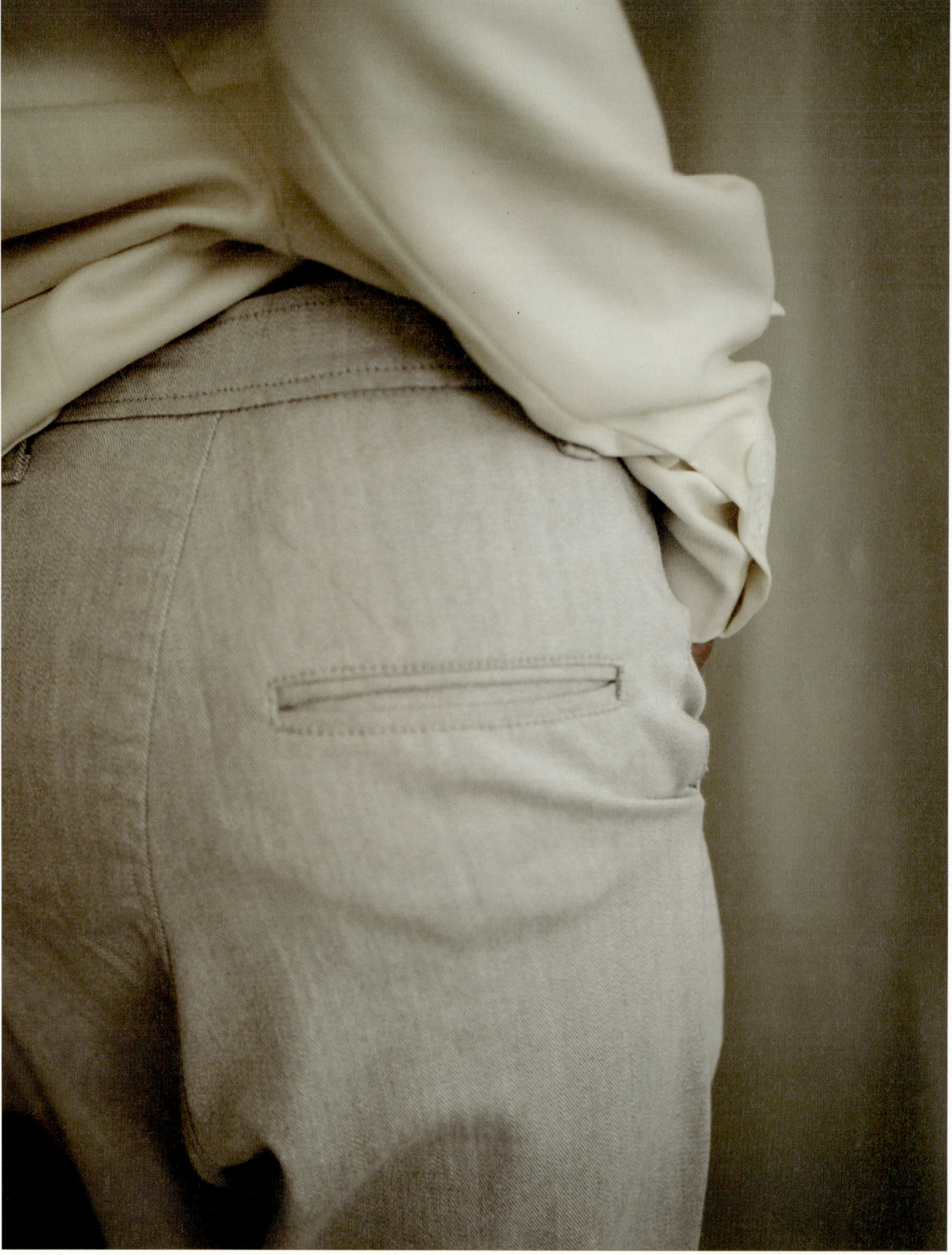

TO SHOW YOURSELF.
YOU MUST KNOW YOURSELF,
FIND YOURSELF IN NANDA.
DON'T BE AFRAID!

난다렐라 이야기

쉿! 지금 들려줄 이야기는
마법의 성에 사는 공주님 이야기가 아니에요.
그저 당신을 조금 닮았을지도 모르는
한 소녀의 이야기일 뿐이랍니다.

소녀는 외출하기 전, 렌즈가 두꺼운 안경을 낍니다. 눈도 나쁘지만 안경이 없으면 왠지 불안해진대요. 오늘도 힘없이 터덜터덜 학교로 걸어갑니다. 늘 비슷한 옷에 똑같은 가방, 때 탄 운동화 차림입니다. 학교에서도, 편의점에서도 그랬어요. 어떤 남자도 소녀에게 말을 걸어오지 않았어요. 그냥, 오늘도 똑같은 일상입니다.

강의실에 앉아 창밖을 멍하니 봅니다. 거울 대신 바깥 풍경을 바라보는 게 제일 좋거든요. 그런데 낯선 목소리가 들립니다.

여기 자리 비었죠?

몇 번 본 적 있는 친구네요. 같은 수업을 듣나 봐요. 가볍게 고개만 끄덕이고 다시 창밖을 보려는데, 요란스럽게 앉던 남자가 말을 겁니다.

책 좀 같이 봐도 되나요? 오늘 안 가져 왔는데…….

말없이 책을 펼쳐 책상 가운데에 뒀습니다. 그렇게 잘 모르는 남자와 수업을 같이 들었어요. 남자가 책에 뭔가를 필기하네요. 눈이 글씨를 따라갑니다.

안경 안 쓰면 더 예쁜 것 같아요.
머리는 왜 묶고 다녀요? 머릿결도 좋은데.

깜짝이야! 가슴이 쿵쾅거립니다. 이 사람, 무슨 말을 하는 거죠? 괜스레 볼이 화끈거립니다. 놀라서 남자를 쳐다보는데 어깨만 한 번 으쓱하더니 고개를 돌려버리는 이 남자. 수업이 끝나자 웃으며 고마웠다는 말만 남기고 가버렸습니다.

집에 와서 비누로 박박 세수를 하고 수건으로 얼굴을 닦으며 화장대 앞으로 와 앉았습니다. 소녀의 머릿속이 엉망입니다. 처음엔 가슴이 뛰었다가 자꾸 생각하니 화가 났습니다. 나를 놀리는 건가? 나쁜 사람 같지는 않았지만 장난친다는 생각에 기분이 언짢기도 했습니다. 하지만 이상해요. 그 말을 믿고 싶습니다. 어릴 때부터 예쁘다는 말을 들어본 적 없는 소녀였거든요. 묶은 머리를 풀어봅니다. 많이 길었네요. 정성스럽게 빗질을 한 뒤 거울 가까이에 얼굴을 가져다 대고 자기 얼굴을 찬

찬이 바라봅니다. 안경을 쓰지 않아서 뿌옇게 보이기는 하지만 이목구비가 제법 눈에 들어옵니다. 내 눈…… 홑꺼풀에 살짝 올라간 눈꼬리가 영 마음에 안 들었는데…… 웃는 연습을 해봅니다. 어색하지만 눈이 살짝 웃네요. 뭐, 귀여운 것도 같다고 생각합니다.

수업시간 내내 집중을 못했어요. 그때 그 남자가 어디 앉았는지 곁눈질하느라 정신없었거든요. 안경을 벗고 머리를 풀었냐고요? 아뇨, 그런다고 뭐 얼마나 달라지겠어요. 소녀는 자신에게 절대 기대하지 않으니까요. 수업이 끝나고 자리를 정리하는데 그 남자가 소리 없이 옆으로 왔어요. 어우, 심장이야! 어? 왜 안경 썼어요, 벗는 게 낫다니까. 머리도 똑같이 묶고 왔네?
남자가 소녀의 안경에 손을 뻗습니다. 당황한 소녀가 뒤로 물러나며 화를 냈어요. 왜 그렇게 무례해요? 장난치는 거예요? 놀란 남자가 미안한 표정을 짓습니다. 자기 이름과 과를 소개하곤 정말 미안하다며 쩔쩔 맵니다. 밥을 사겠대요. 몇 번의 거절, 몇 번의 사과로 결국 소녀는 남자와 저녁을 같이 먹었어요.
그렇게 자꾸 친해졌습니다. 자꾸 마음에 들어옵니다. 그 남자는 소녀에게 소녀가 모르는 이야기를 자꾸 해줘요. 한 번도 예쁘다고 생각해본 적 없는 눈이, 코가, 입술이, 광대뼈가 다 예쁘다는 말. 아니라고, 난 내 얼굴이 정말 마음에 들지 않는다고 침울해 하는 소녀에게 절대 그렇지 않다고, 왜 자신을 그렇게 모르냐고 되묻는 그 사람 얘기, 어떡하죠, 믿고 싶어요. 아니, 이제는 정말 내가 괜찮은 사람인 것만 같아요. 차갑다고 생각한 눈매는 트렌디한 것 같고, 코가 동그래서 싫었는데 가만 보니 콧대가 그리 낮은 것 같지는 않아요. 광대뼈가 너무 나온 건 아닐까, 고민하던 소녀에게 고집 있어 보여서 그 남자는 좋대요. 립밤조차 잘 바르지 않는 입술이지만 뭐 이 정도면 도톰한 게 매력적이잖아? 아, 내가 왜 이러지? 거울을 보는 시간이 길어졌어요. 화장품도 몇 개 사고 인터넷 쇼핑은 어디가 유명하다더라……. 맞다, 콘택트렌즈 주문하는 거 까먹었다!

이야기의 결말이 궁금한가요? 두꺼운 안경을 벗어던진 소녀는 드디어 마법에서 풀려났답니다! '나는 예쁘지 않아.'라는 강력한 주문에서 벗어난 거죠. 지독하게 나쁜 마법이었어요. 하지만 이제 그 누구보다 예뻐졌습니다. '나는 매력 있어'라는 더 강력한 주문을 걸었으니까요. 쪽지를 보내오거나 말을 거는 남자들도 얼마나 많아졌는지 모릅니다. 아, 그 남자는 마법사였냐고요? 매력을 발견해주고 칭찬을 쏟아부어줬으니 그렇게 불릴 만도 하겠어요. 꽃뱀이거나 사기꾼이었을 것 같다고요? 반은 맞고 반은 틀리고, 소녀를 꼬시겠다고 친구와의 내기에서 시작되었으니 나쁜 놈이긴 하죠. 나중에 그 사실을 알게 되었지만 소녀는 쿨하게 웃어주고 말았대요. 소녀의 남자친구가 되어버린 그 남자, 지금은 소녀한테 쩔쩔 매거든요. 그 남자는 사실 처음부터 지금까지 소녀가 정말 너무, 예쁘대요.

소녀가 하고 싶은 말이 있습니다. 외모에 자신이 없고 자신을 칭찬해 준 적 없는, 과거의 소녀 같은 사람들에게요. 자꾸 거울을 보세요. 뜯어보고 고쳐 보면 정든대요, 내 얼굴에. 내 모습을 사랑하게 되는 거죠. 거울 속 나에게 자꾸 말을 거세요.
너는 예뻐, 매력 넘쳐, 너는 최고야!
과분한 칭찬 같으세요? 거짓말일까요? 절대 아닐 걸요. 당신 자신만큼 소중한 사람이 세상에 또 어디 있나요? 매력은 당신이 믿기 시작한 순간부터 밖으로 걸어 나온답니다!

난다렐라는 어려서 자신감을 잃고요~ ♪

Diet

Sexy Codi

Styling

Mentor Story

Make-up

스타일난다의 멘토,
팝아티스트 바스키아

Jean-Michel Basquiat

장 미셸 바스키아 (1960~1988)

나는 가끔 일 때문에, 혹은 머리를 식히기 위해 내게 영감을 가득 불어 넣어줄 도시들을 찾는다. 런던과 파리의 골목골목, 뉴욕의 소호 거리, 그리고 늘 음악이 가득한 홍대 거리들……. 넋을 놓고 걸으면서 그저 구경만 해도 가슴이 뛰는 그곳이 나는 정말 좋다. 빈티지 아이템들로 멋을 내고 쭉 뻗은 다리와 브라운 컬러의 얇은 머리를 가진 소녀들을 구경하는 일은 특히 재미있다. 그리고 무엇보다 '어느 갤러리를 통째로 다 보고 나왔구나' 싶은 착각에 빠지게 만드는 거리의 낙서들. 그래피티(Graffiti)로 채워진 낡은 건물의 벽들에는 자유로움이 살아 숨 쉬는 것만 같다.

그래피티를 얘기할 것 같으면 바스키아를 빼놓을 수 없다. '스타일난다'의 멘토이자 내가 가장 좋아하는 천재 화가, 바스키아. 그의 그림은 어딘가 고통스럽고 때로는 불편한 느낌을 준다. 하지만 멋지다. 디자인에 그대로 옮겨 담고 싶을 만큼.

바스키아는 스물일곱 해의 짧은 생애를 마칠 때까지 뉴욕 미술 평단으로부터 양극단의 평을 들었던 낙서화가다. 그는 선배이자 좋은 친구였던 엔디 워홀(Andy Warhol)과 각별했다. 한쪽에서는 '검은 피카소'로 불렸고 한쪽에서는 흑인이었으며 어떤 형태의 예술교육도 받지 않았던 그를 평가절하하기도 했다. 미국 주류 화단에 등록된 최초의 흑인이었다고 하니 얼마나 시끄러웠을지 알 만하다.

앤디 워홀을 만나기 전인 18세에 이미 집을 나와 뉴욕의 거리와 건물, 지하철 곳곳을 전전하며 스프레이로 그래피티를 그리고 다니던 그였다. 당시 아직 신인이던 마돈나와 사랑에 빠지기도 했다고 한다.

바스키아는 낙서를 통해 오래되고 지루하며 남루한 관습과 체제들에 저항했다. 그의 그림에는 여성, 유색인종, 성적 소수자에 대한 사회적 저항의식이 나타나 있었다. 마약과 에이즈, 죽음 등의 주제를 다루며 이전의 팝아트에는 드러나지 않던 어두운 요소들을 그림 밖으로 꺼내놓기도 했다.

'길가에서 주운 나무판에 허름한 캔버스 천을 씌워 그린 낙서 같은 그림들을 과연 예술의 일부로 볼 것인가?'에 대한 고민과 논쟁이 당시 뉴욕 미술계에서 뜨거웠다고 한다. 바스키아는 또박또박 써내려가는 글씨를 통해 자신을 표현하기도 했는데, 그래피티 아티스트이던 시절에는 거리의 모든 포스터 게시대가 그의 발언의 장이 되기도 했다고(거리의 무법자라니, 정말 신이 날 것 같지 않은개). 또 지하철은 움직이는 광고탑이 되기도 했는데, 이처럼 바스키아는 하고 싶은 이야기를 글로 정리해 자신만의 글씨체로 표현하고 다녔다. 발언의 장을 캔버스로 옮긴 이후에도 역시 그의 작품에는 종종 단어들이 등장했고, 글씨로만 표현된 작품들도 있다.

표어로 마구 써내려가는 문장과 단어들은 과연 문학의 일부인지, 아니면 미술의 한 장르인지를 두고도 말이 많았다는데, 천재가 가는 길에는 숱한 극단의 평가와 시기가 쏟아지는 것이 아닌가 싶다. 어쨌든 〈타임〉지에서는 그를 '80년대의 제임스 딘', '흑인으로서 최초로 성공한 천재 아티스트', '검은 피카소'라 이름 붙이며 표지에 싣기도 했다.

그의 그림에 대해 혹자는 그저 '어린아이의 낙서' 같다고 단정 짓는다. 하지만 독특하고 뛰어난 색감과 묘하게 균형 잡혀 조화로운 낙서들에 나는 늘 매혹당하고 만다. 그의 그림이 한 번에 이해되지는 않지만 무언가 전하고자 했던 의지가 강하게 느껴지는 점도 참 마음에 든다.

바스키아의 영화를 감독하여 화제가 되었던 그의 친구이자 화가, 쥴리앙 슈나벨(Julian Schnabel)이 한 인터뷰에서 이렇게 말했다고 한다.

"바스키아는 이미지와 언어를 고르는 특별한 방법을 알고 있다. 그가 고른 것에 대해 모든 이들은 '심오한 선택'이라고 여겼다. 그는 미술에 대한 교육을 받지 못했다고 했지만, 그가 쓰는 내용들은 학교에서는 결코 배울 수 없는 것들이었다. 그것은 영감을 받은 사람만이 쓸 수 있는 것이었다."

앤디 워홀을 잃은 후 바스키아가 받은 충격은 상당했던 것 같다. 좋지 않던 몸이 점점 더 악화되어갔고 스스로 감정의 늪에서 빠져 나오기 위해 그동안 복용해오던 약물을 중단하기 위한 재활원에도 등록했지만 실패를 반복하면서 오히려 이전보다 더 심각한 의존 증세를 보였다고 한다. 그가 죽던 해에 만들어졌던 '에로이카 II(Eroica II)'라는 작품 속에는 'MAN DIES'라는 단어가 반복해서 화면을 가득 채웠다. 1988년 8월 12일, 뉴욕의 작업실에서 코카인 과다복용으로 세상을 떠나고 만 바스키아. 지금도 살아 있었더라면 그가 어떤 낙서화를 보여주었을지 궁금해진다. 50세가 넘은 낙서화가의 그림에는 더 깊어진 성찰이 담겨 있을 텐데 말이다. 아마 바스키아는 지금도 하늘나라 어디 땅바닥 같은 데에 주저앉아 신들린 듯 담벼락에 낙서를 하고 있을지도 모르겠다.

TRUTH
TALK

진실 토크

남자들이 좋아하는 그녀의 퍼스트 스타일 10

첫 느낌은 중요하다.

얼굴의 예쁨과 못남, 날씬함과 그렇지 않음의 차이를 말하고자 하는 것이 아니다.

그 혹은 그녀에게서 풍기는 전체적인 이미지, 향기, 또한 분위기는

그 사람과의 관계에서 마지막까지 이어지는 호감도를 결정한다고 해도 과언이 아니다.

살아가면서 우리는 얼마나 많은 '첫' 만남을 가지는가? 첫 미팅, 첫 데이트……

자, 이제 남자들의 속마음을 훔쳐보자.

나의 타고난 외모와 관계없이 나를 처음 만난 그는 나를 어떤 여자라고 느낄까?

여자들과는 사뭇 다르게 입력되는 남자들의 워너비 스타일링,

그 TOP 10을 만나보자!

First Meeting

절대 잊혀지지 않는
첫인상 남기기!

"단아한 듯
도발적으로!"

First
Date

그녀에게 이런 면이?
단번에 마음 사로잡기!

"첫 만남 때와는
전혀 다른
새로움으로!"

알거나 알거나!

수근수근

걔는 뭘 해도 스타일 난다구!

도무지 모르겠어. 별로 멋을 낸 것 같지도 않은데 말이야.
머리는 늘 헝클어져 있고 부스스한데 포스가 장난이 아니거든.
살짝 오래된 듯한 가방하며 별 디테일 없어 보이는 평범한 재킷까지 왜 이렇게 멋있어 보일까.
도대체 비밀이 뭘까?
어머, 어머, 쟤 웃는다. 저것 봐, 웃는 모습까지 완전 시크해!

STYLE NANDA

www.stylenanda.com
since 2004

Part 5

우아한 여자

She's elegant just like Grace Kelly

우아함이란
그 사람이 어떤 옷을 입었는지조차
잊어버리게 하는 것 아닌가요?

– 입 생 로랑 Yves Saint Laurent (디자이너)

마치 모나코 왕국의 왕비처럼,

우아함과 기품이 흘러!

엘레강~스한 그녀, 수애

탤런트 수애. 참 예쁘다. 나는 강아지처럼 순해 보이는 눈매와 비밀을 간직한 듯한 그녀의 미소를 좋아한다. 특히 올림머리를 했을 때 그녀는 정말 단아해 보인다. 얼마 전 끝난 드라마에서 고난이도의 액션 장면을 무리 없이 펼쳐 본드걸처럼 섹시하고 다이내믹한 모습을 보여주기도 했다. 하지만 그녀를 가장 잘 설명해주는 단어는 역시 '우아함'인 것 같다. 패션인들 사이에서도 '레드카펫 위에서 드레스가 가장 잘 어울리는 여배우'로 뽑히며 각종 시상식마다 그녀가 입고 나오는 드레스에 대해 많은 사람들의 관심이 집중되기도 한다. 그래서 그녀에게 붙은 별명은 '드레수애'. 드레스를 여신처럼 소화한다는 그녀의 아름다움에 어울리는 재미난 별명이다.

조용하고 나지막한 목소리와 차분한 말투, 단정한 미소. 탄력 있으면서 가늘고 마른 몸은 남자들의 보호본능을 일으키기에 충분하다. 같은 여자인 내가 봐도 그녀는 한 마리 사슴처럼 아름답고 우아하니 말이다. 혹시 남몰래 새벽이슬이라도 그러모아 보약 먹듯 복용하고 있는 건 아닐까?

청담동 며느리에게 물어봐?

우아함! 고상하고 기품이 있으며 아름답다는 이 말. 친구들과 시쳇말로 '사람은 역시 있어 보여야 한다'는 말을 나눈 적이 있다. 부잣집에서 자란 딸처럼 귀티가 흐르고 신경 써 옷을 입은 것 같지 않음에도 머리 뒤에서 후광이 비치는 듯 착시효과를 일으키는 사람들이 있다. 그리고 우리는 언제나 우아한 사람이고 싶다. 누구든 '빈티'나게 보이고 싶은 사람은 없을 것이다.

한때 '청담동 며느리 룩'이란 검색어가 유행을 했다. 재벌가 며느리들의 패션이라 하여 심심치 않게 이슈가 된 이 룩은 화려하고 눈에 확 띄는 스타일이 아니라 고급스럽고 클래식하며 심플한 멋을 보여준다(TV 드라마 속에서 그리는 재벌가 안주인들은 물론이고 실제 명문가 여인들의 차림은 단정하고 심플하지만 실은 각 아이템들이 꽤나 비싼 브랜드의 제품들이라고 하지 않던가). 그들의 옷차림은 사람들에게 두고두고 회자되며 발 빠른 구매로 이어져 '완판(완전판매)'이라는 신조어까지 만들어냈다.

결혼식이나 상견례 등은 특히 단아하고 우아한 여인으로 변신해야 하는 자리다. 그래서 그런 격식을 차려야 할 때 옷차림이 고민되어 인터넷에서 '청담동 며느리 룩'을 검색해 도움을 받은 여성들이 꽤 있을지도 모른다. 이제는 우아함과 럭셔리한 스타일링의 표본으로 알려졌으니 말이다. 그야말로 하나의 룩으로 자리 잡은 청담동 며느리 스타일이 진주 목걸이와 올림머리, 무릎길이 스커트의 전성시대를 몰고 온 것만 같다.

우아함은 컬러가 포인트

수애처럼, 청담동 명문가 며느리처럼 우아하고 단아한 여성상은 남자들이 내 여자친구에게 바라는 '워너비'이다. 물론 나의 워너비이기도 하다. 여자들은 특히 나이가 들어갈수록 고상하고 단정해지고 싶어 한다.

고고한 한 마리 백조처럼 우아한 여자이고 싶은 날마다 프릴 블라우스에 코사지가 달린 카디건을 걸치고 주름치마와 하얀색 스타킹을 매치한 다음 리본이 달린 단화를 신고 올림머리를 하거나 리본 머리띠까지 머리에 하는 스타일링을 고수하는 사람이 있다면……. 그리고 혹시 그게 당신이라면? 나는 도시락이라도 싸갖고 다니며 말릴 것이다. 이만큼 사회 초년생처럼 보이는 스타일도 없다. 이것은 우아한 게 아니라 분명 촌스러울 가능성에 훨씬 가깝다는 사실을 명심하자.

화이트 셔츠에 배기 팬츠나 하이 웨이스트 스커트와 같은 조합이 다소 강하게 느껴질지 모르겠다. 하지만 이와 같은 아이템으로도 충분히 우아해 보일 수 있다. 문제는 컬러다. 아이템에 변화를 주기보다는 단순한 디자인의 것들을 골라 컬러 매치를 어떻게 하느냐에 따라서 청담동 며느리가 부럽지 않을 수 있다.

컬러로 단아함을 표현할 때에는 베이지나 아이보리 컬러가 딱이다. 블랙이 시크한 느낌이라면 베이지나 우윳빛 나는 컬러는 단연 우아한 여성으로 변신시켜주는 컬러라 할 수 있다. 대신 컬러 수는 두 가지 톤 정도로 제한하는 것이 적합하다. 날씬하게 보이는 블랙을 두고 베이지색은 겁나서 시도하지 못하겠다면? 평생 'Woman in Black'으로 살 수는 없는 노릇이지 않은가. 베이지 컬러를 믿고 당신을 맡겨보라.
단정함이 다소 심심해 보인다면 머리카락을 살짝 헝클어뜨린다든지 뻗치게 두는 것도 스타일에 위트를 얹는 방법이다(저녁에 뉴스를 진행할 예정이거나 미스코리아 선발대회에 출전할 계획이 아니라면 제발, 세팅기로 긴 머리를 돌돌 말아 과하게 힘주지 않길 바란다).

그리고 무엇보다도 중요한 게 있다. 모든 스타일이 그렇겠지만, 우아함의 기본은 특히 깨끗한 피부와 메이크업이다. 투명하게 빛나는 피부는 평소에 잘 관리하는 수밖에 없겠지만 절대 두껍게 화장하지 않아야 한다.
거기에 한 가지 더. 당당하게 어깨를 펴고 고개를 빳빳하게 들자. 거기에 환한 미소까지 더한다면 백 점 만점에 이백 점!

ITEM
ELEGANT

기품이 넘치는 그녀,
우아하고 부티나게 연출하기
힌트는 컬러 매치!

'중요한 프레젠테이션이 있는데……'
'면접 의상은 어떻게 입어야 하지?'
'오늘 소개팅에서는 여성스럽게 보이고 싶어.
남자들은 단아한 여자를 좋아하니까.'
지적이면서 고상해 보이는 여성은 아름답다.
특별히 아이템으로 변화를 주기보다는
크리미하면서 유약한 컬러들을 이용하자.
베이지나 우윳빛깔이 섞인 컬러는 여성을 한껏 우아하게 완성시킨다.

로마의 공주처럼……

신부보다는 2% 덜 돋보이되 결혼식에 모인 친구들 중에서만큼은 가장 우아해 보이고 싶을 때나, 혹은 예비 시부모님과의 상견례 자리에서 기품 있는 집안의 딸내미처럼 보이고 싶을 때 당신은 아마도 옷장을 먼저 뒤집을 것이다. 그리고 적당한 옷을 찾지 못해 지쳐 한숨을 쉬곤 무작정 인터넷의 도움을 받으려 할지 모르겠다. 검색창에서 대강 검색을 시작한다. 여성스러운 스타일, 우아한 여자, 결혼식 하객 패션, 상견례 옷차림, 우아한 여자, 청담동 며느리 룩, 퍼스트레이디 룩 등 이런 연관 검색어들이 줄줄이 나올 것이다. 그런데 이 모든 스타일을 한 번에 집약하여 보여주는 룩이 있다. 당신이 궁금한 그 스타일, <u>50년대와 60년대에 유행한 레이디라이크 룩(Ladylike look)이 바로 그 키워드다.</u>

로마에서 휴일을 보낸 세기의 여배우
오드리 햅번(Audrey Hepburn),
내가 모나코의 국모다, 그레이스 켈리(Grace Kelly),
바람과 함께 사라진 비비안 리(Vivien Leigh),
스타일이 뛰어나 J.F.케네디 대통령만큼 늘
주목받았던 재클린 케네디 오나시스(Jacqueline Kennedy Onassis),
모델이자 뮤지션 프랑스 사르코지 대통령의 영부인, 카를라 브루니(Carla Bruni)…….

이들 우아한 여인들에게서 우리는 레이디라이크 룩을 쉽게 엿볼 수 있다. 60년대 명작 영화 속 오드리 햅번이나 비비안 리의 스타일은 우리에게도 익숙하다. 풍성하고 볼륨 있는 A라인 풀 스커트와 몸에 핏 되는 상의, 허리를 잘록하게 강조하는 스타일은 레이디라이크 룩을 가장 대표적으로 보여준다.

이들이 몸의 곡선을 살려 볼륨감 있고도 여성스럽게, 또 사랑스럽게 레이디라이크 룩을 보여줬다면 그레이스 켈리나 재클린, 카를라 브루니는 그들보다는 좀 더 귀족적이며 여왕이자 퍼스트레이디로서 기품 넘치는 우아함을 잘 보여준다. 한마디로 지나치게 화려하지 않으면서도 럭셔리함을 추구하는 상류층 로열 패밀리들의 도도한 스타일이라고 해둘 만하다. 케네디 대통령의 사망 이후, 해운업계의 거부인 오나시스와 결혼했던 재클린은 "나는 패션계의 상징이 되고 싶지는 않다. 난 그저 적절하게 옷을 입고 싶을 뿐이다."라고 말하기도 했다. 당시 그녀의 상징과 같았던 투피스 정장, 라운드 칼라의 코트, 커다란 선글라스 등이 사람들 사이에서 굉장한 유행이었다고 한다. 미국 귀족 계급의 상징이나 다름없던 그녀의 고상한 스타일을 추종한 여성들이 많았던 것이다. 일명 '재키 패션'의 유행을 가져와 '패션계의 퍼스트레이디'라 불린 그녀의 인기는 알 만하다.
여성이라면 누구나 참하면서 단정하며 격을 갖춘 여자가 되고 싶어 한다. 귀족처럼 보이고 싶은 여인들의 바람 탓에 우리나라에서는 청담동 며느리 스타일의 인기가 뜨겁다. 지적으로 보여 신뢰감을 주는 인상은 적당히 클래식한 차림을 할 때 특히 유리하다. 강렬한 컬러는 피하고 유약하고 흐릿한 모노톤의 컬러들을 매치하여 우아함의 대명사로 거듭나보자. 심플하고도 고전적인 스타일을 즐겼던 60년대 여성들에게 살짝 빙의되는 것도 재미있는 일이다. 너무 밋밋한 스타일이 되지 않도록 화려한 귀걸이나 목걸이, 반지 등으로 포인트를 주는 것도 좋지만 온 몸에 액세서리를 치렁치렁 두르면 단번에 복부인이 될지 모르니 주의할 것! 현대적으로 새롭게 해석된 레이디라이크 룩은 최근 패션계에서도 주목하는 키워드이니 시크하며 우아하게 즐겨보자.

※참고 : 《패션의 유혹, 앤드류 터커&태민 킹스웰, 예담》

My Wannabe

드레시하고 우아한 스타일
Dressy & Elegant Style

격식 차린 스타일
Formal Style

오피스 룩
Office Look

it Styling

자연스럽고 우아한 메이크업
Natural & Elegant Make-up

피부관리법
Skin Care

자연스러운 웨이브, 우아한 헤어스타일
Natural Wave & Elegant Hairstyling

DRESSY &ELEGANT STYLE

드레시하고 우아한 스타일

아무래도 화이트는 사랑스럽다. 깨끗함과 순수함 그대로
지켜주고 싶은 마음을 불러일으키는 화이트!
언밸런스 길이의 새하얀 레이스 롱 스커트는 치마 길이가
조금씩 달라 볼륨감 있게 느껴진다. 또한 커튼처럼 아래로
축 떨어져 드리운 스타일이라서 여성스럽고 우아해 보인다.
치렁치렁할 것 같지만 허리선이 높은 하이 웨이스트
스커트이기 때문에 스커트 사이로 예쁘게 비치는 다리가
굉장히 날씬해 보이고 키가 커 보이는 효과가 있다.
여기에 그물 니트를 매치해 전체적으로 시스루 룩을 연출한다.
살이 살짝 비치면서 드레시한 매력이 당신을 청순하고도
우아한 여인으로 만들어줄 것이다. 화장은 진하지 않게
투명 메이크업으로 자연스럽게 마무리할 것.

베이지 컬러의 립으로
우아하게

살이 비쳐
여성이 넘치는
화이트 니트

언밸런스한 길이의
레이스로 이루어진
하이 웨이스트 롱 스커트

아테나의 여신처럼
스트랩 우드 굽 샌들

JUST TRY IT, NOW!

강렬한 블랙 컬러 코디에서 섹시함을 느끼는 남자들은 많다. 하지만 깨끗한 모노톤의 컬러에서 오는 오묘한 관능미에 매료되는 남자들도 적지 않다. 은근하게 보호본능을 자극하는 매력이 있기 때문이다. 연약할 것도 같지만 우아하면서 고결해 보여 함부로 접근할 수 없을 것만 같은 인상 말이다. 우아한 여성으로 연출하기에는 복잡한 컬러 매치가 필요 없다. 크리미하고 유약해 보이는 컬러들을 이용해 우아한 자태를 뽐내자. 아, 그리고 하이 웨이스트 배기 핏 팬츠가 다소 가벼워 보인다는 생각은 편견. 배기 핏 팬츠도 우아하게 연출할 수 있다.

white long dress

white long dress + gray leggings

white one piece

pink fur jacket + gray leggings

black blouse + white long skirt

white jacket + high waist white pants

쇄골이 드러나는 V넥 롱 원피스는 이 하나만으로 드레시하고 단아하면서 관능미까지 보여주는 아이템. 머리를 옆으로 땋아 내리면 여성스러움이 더욱 극대화되어 보인다. 롱 원피스는 여성의 몸매를 은근히 드러내어 섹시함을 기대할 수 있는 옷이다. 드레이핑된 새틴 소재의 나시 원피스는 허리에 벨트를 해주어도 예쁘고, 아주 짧은 쇼트 니트, 또는 힙 선을 덮는 롱 니트와 매치해도 우아해 보인다. 과장된 빅 퍼프 포인트의 원피스도 모임 같은 곳에서 시선을 확 끌만한 멋진 아이템이다. 무릎을 덮는 H라인 스커트는 50년대 속 클래식한 여인들의 단골 아이템. 앞트임이 있어 다리가 살짝 드러나 더욱 세련된 느낌이다.

FORMAL STYLE

격식 차린 스타일

재킷이나 셔츠와 같은 기본 아이템일수록 단순한
디테일 하나가 포인트가 되어 더욱 멋스러운 요소가 생긴다.
카라가 없는 네이비 재킷은 매니시하면서도
시크해 보이고 지적인 느낌이 있어 포멀한 룩에도 제격.
네이비 컬러는 신뢰감과 세련된 성숙함을 담고 있다.
화이트 컬러의 하이 웨이스트 와이드 팬츠는
발목을 살짝 덮는 길이로 네이비 재킷과 마치 한 벌인 것처럼
잘 어울린다. 팬츠의 길이는 1~2cm의 차이로도 다리 길이가
길게 보이거나 반대로 보일 수도 있는데,
복사뼈가 살짝 보이는 기장에 도톰한 굽의 힐을 매치하면
실패할 확률이 적다. 또한 이 길이는 가장 시크하면서
시원스러운 팬츠 스타일링의 비법이기도 하다.
살짝 고집스러워 보이는 일자 단발머리와 레드 립 컬러가
더욱 지적인 느낌을 풍긴다.

스타일에
포인트를 주는
레드 컬러의 입술

커리어 우먼의 멋스러움,
살짝 헝클어진
단발머리

은은한 광택이 있는
화이트 민소매 블라우스

화이트 컬러가
시원스런
하이 웨이스트 와이드 팬츠

이탈리아 멋쟁이
남자들의 로망.
네이비 컬러 매니시 재킷

알 코가 둥글어
의외의 귀여움을 주는
화이트 펌프스

JUST TRY IT, NOW!

You too can be stylish! Why not?

Formal이란 말을 좋아한다. 격식을 차리며 정중하다는 의미가 담겨 있으니 멋지다고 생각한다. 하지만 포멀이란 말에 치우쳐 재미없이 뻔한 정장 바지, 정장 치마는 싫다. 초등학교를 갓 졸업하여 중학생이 된 아이가 교복을 입은 것처럼 어정쩡한 느낌이 나는 사회 초년생처럼 보이고 싶은 사람은 없을 것이다. 일명 통바지라고 하는 와이드 팬츠의 유행이 돌아왔다. 신입사원이 아니라 능력 있는 팀장 급 직원처럼, 멋스럽게 시도하자.

black jacket + black wide pants

white blouse + black skirt

black one piece

black long knit + black baggy pants

white shirts + beige baggy pants

white jacket + gray pants

와이드 팬츠는 정말 멋쟁이 아이템이다. 입은 사람은 하늘거리는 원단 덕에 통풍도 잘 되고 시원하지만, 통이 넓어서 보는 사람이 답답할 수 있으니 상의는 쇄골이 드러나도록 파인 옷을 입는 것이 좋다. 재킷을 멋스럽게 어깨에 걸치는 공식도 꼭 대입해보자. 심플한 화이트 블라우스와 변형된 A라인 스커트는 깨끗하고 청순해 보여 남자들이 좋아하는 차림으로 상견례나 미팅에 제격. 블랙 원피스는 40대가 입든, 20대가 입든 나이대에 잘 스며들어 멋지게 돋보이는 아이템. 상견례나 선을 보는 자리 등에도 부담 없다. 발목을 살짝 조여주는 것처럼 보이는 배기 팬츠와 하이힐은 찰떡궁합이다. 화이트 재킷에는 모던함이 있다. 화이트 재킷 하나로 어떤 일이든 잘할 것 같은 지적인 이미지를 연출하자.

OFFICE LOOK

오피스 룩

중요한 프로젝트를 멋지게 선두지휘하는 팀장님처럼!
탁월한 업무 능력으로 업계에 소문난 CEO처럼!
아름다운 워커홀릭으로 변신해보자.
사실 오피스 룩이라는 것이 정해진 것은 없지만,
뛰어난 스타일링으로 업무 현장에서
더욱 신뢰가 가고 멋스런 사람들이 있다.
블랙 컬러의 하이 웨이스트 배기 핏 팬츠는 입으면
스타일이 확 살아나는 아이템. 어깨 패드가 적당히 들어가
어깨선부터 팔 라인까지 날씬하고 예쁘게 잡아주는
블랙 재킷과 새틴 민소매 티셔츠를 입어 함께 매치한다.
전체적으로 심플하고 모던한 차림인데 여기에 화려하고
볼드한 액세서리로 포인트를 준다. 머리는 단정하게 묶어
정리해야 목걸이가 돋보이면서 스타일이 완벽하게 완성된다.

깨끗하게
포니테일로
묶은 머리

활용도 높은
기본 민소매
티셔츠

화려하게 빛나고
두께감이 있는
목걸이

어깨 패드가
적당히 핏을 살려주는
블랙 재킷

허리 부분이
독특해서 재미있는
하이 웨이스트 배기 핏 팬츠

블랙 코디에도 펀칭되어
시원한 느낌을 주는
우드 굽 샌들

하루의 대부분을 보내는 사무실에서는 사실 누구보다
편안한 차림으로 입고 싶은 게 직장인 모두의 바람이다.
하지만 트레이닝복 차림으로 출근을 할 수는 없는 일.
모두 면 소재로 된 옷을 택하되 스타일은 포기하지 말자.
적당한 구김이 멋진 면 재킷은 어깨 부분에 패드를 넣어서
잘 늘어나는 특성상 쉽게 처질 수 있는 옷의 각을 예쁘게
살려주었다. 정장 스커트는 장시간 앉아 있으면 불편하지만
면 스커트를 입음으로써 활동성과 격식을 모두 갖추었다.
힐이 뾰족한 일반 펌프스보다는 적당히 굽이 있으면서
약간 토 오픈된 스타일이 잘 어울린다. 살짝 캐주얼한 차림에
악어가죽 무늬의 백이 지적이고 전문적인 느낌을 더한다.

백의 컬러와
통일을 이루는
뿔테 안경

쇄골 미인에게
필수.
화이트 티셔츠

소매는 무심하게
걸어서 입는
화이트 면 재킷

그레이 컬러가
시크해 보이는
하이웨이스트 면 스커트

결재서류가 잔뜩
들어 있을 것 같은
악어가죽 무늬 토트 백

뾰족한 힐보다는
내가 대세,
스트랩 우드 굽 샌들

JUST TRY IT, NOW!

오피스 레이디라면, 썩 마음에 들지 않지만 시간에 쫓기거나 귀찮아서 대강 고른 옷을 입고 출근한 뒤 하루 종일 마음이 불편해 결국 나가서 새로운 옷을 사 입거나 예정되어 있던 저녁약속도 아프다는 핑계로 취소하고 집으로 쏜살같이 귀가한 경험들이 있을 것이다. 매일 입는 옷, 이왕이면 멋지게, 스마트해 보이게 나만의 공식을 만들자.

black jacket +skinny denim pants

trench coat +black jacket

black t-shirts + pink skirt

neon blouse + black skirt

black jacket +high waist black pants

black jacket + high waist yellow pants

블랙 재킷 안에 화이트 티셔츠와 스키니한 청바지는 재킷을 벗으면 캐주얼하면서도 회사에서는 단정해 보이는 기본 코디. 재킷과 청바지의 핏이 좋아 여성스러운 분위기도 낼 수 있다. 트렌치코트는 지적이면서 섬세한 느낌을 준다. 연한 모노톤의 트렌치코트를 허리를 묶어 원피스처럼 연출해도 멋지다. 블라우스라고 하면 보통 화이트나 블랙 컬러 정도만 생각하지만 네온 컬러의 블라우스를 블랙 팬츠 같은 기본 아이템들과 매치하면 얼굴빛이 화사해 보이면서 신선함을 줄 것이다. 남자들의 수트에서 영감을 받은 듯한 더블 재킷은 사이즈가 커서 더 멋스럽다. 원 버튼 재킷보다는 더블 버튼 재킷이 훨씬 클래식하고 매니시한 느낌이 드는데, 화려한 컬러의 편안한 배기 핏 팬츠를 매치해 여성스러움을 더했다. 여기에 로퍼나 구두 모양의 단정한 스니커즈를 매치하면 활동적인 여성의 이미지를 보여줄 수 있다.

옷차림도 전략이고 경쟁력이다. 입사하기 전 면접 의상부터 시작해 매일 출근하기 전 옷과의 전쟁을 치른다는 회사 3년차 대리 A양. 최근 부쩍 아침잠이 늘어 한동안 옷차림에 신경을 못 썼더니 과장님으로부터 한 소리 듣고야 말았다. "A씨, 날씨도 좋아졌는데 데이트 없나 봐요? 너무 칙칙해 보이잖아. 화사하게 좀 입고 다니면 얼마나 좋아요?" 그간 부쩍 과장님이 자신에게 신경질을 내고 있다는 사실을 깨달은 A양은 '스타일은 승진과도 직결된다'는 사실에 새삼 속이 쓰려온다.

pink one piece

beige jacket + skinny white pants

black one piece

blue jacket + gray pants

black blouse + black skirt

white blouse + yellow short pants

몸매가 그대로 드러나는 핏의 원피스는 회사에 입고 가기에 많이 부담스럽다. 루즈한 원피스라면 핫핑크 컬러를 과감하게 시도해보자. 오피스 룩이라 하여 꼭 기본 컬러들로만 시도하는 것은 지루하지 않은가. 특별한 프레젠테이션이나 약속이 있는 날, 확실한 주목을 받을 수 있을 것이다. 핏이 딱 떨어지는 멋진 재킷이 있는 반면, 살짝 넉넉한 보이프렌드 재킷도 매니시하면서 시크해 보인다. 몸에 핏 되는 하이 웨이스트 팬츠로 허리부터 발목까지 날씬하게 잡아주고 다소 박시한 재킷을 걸치는 것만으로 스마트하며 일 잘하는 여성의 이미지를 보여줄 수 있다. 역시 큰 사이즈의 빅 백을 손잡이 부분을 살짝 접어 큼지막한 서류가방처럼 드는 내공도 필요하다. 원감이 도톰한 그레이 컬러의 트레이닝팬츠의 변신도 눈부시다. 무릎이 나오지 않는 톡톡한 원단이고 핏이 예쁘다면 거기에 재킷 하나만 걸쳐도 완벽한 오피스 레이디로 변신할 것이다. 수술이 달려 포근해 보이는 느낌을 주는 화이트 블라우스도 손이 많이 갈 아이템.

FANCY ACCESSORIES

화려한 액세서리 단순한 컬러를 이용, 심플하고 미니멀하게 잘 차려입은 스타일은 그 실루엣에서 오는 힘만으로도 중심이 잡히기 때문에 액세서리를 최대한 자제하더라도 멋스럽다는 인상을 줄 것이다. 하지만 너무 심심한 스타일로 그칠 위험도 분명 있다. 정제된 멋에다 화려하고 대담한 디자인의 목걸이나 귀걸이, 팔찌 중 한 가지만 더해져도 과하다는 느낌은커녕 오히려 완벽하게 차려입었다는 인상을 줄 것이다. 금속은 빛과 조명에 따라 빛깔이 달라지는 속성이 있다. 원단에 반짝이고 화려한 액세서리가 더해질 때 드라마틱한 에지, 한마디로 '한 방'이 있는 스타일이 완성된다.

1 안과 밖의 테두리를 골드 컬러로 처리하여 앤티크한 느낌이 드는 귀걸이. 테두리의 무늬에서 오는 분위기가 빈티지한 멋도 준다. 귓불에 알맞게 붙는 귀걸이는 데일리 스타일로도 좋다.　**2** 볼드한 사이즈의 목걸이는 진주로 이루어져 우아해 보이고 큐빅과 진주알이 박힌 펜던트는 크고 강렬한 느낌이 있다. 빅 사이즈 펜던트의 존재감이 인상을 뚜렷하게 보이도록 만들어준다. 펜던트를 빼고 목걸이만 해도 고급스럽게 연출이 가능.　**3** 차가운 느낌의 커팅 비즈 팔찌는 스타일에 지적인 느낌을 실어준다. 포근해 보이는 퍼 디테일이 의외이면서도 멋스럽다.　**4** 큐빅의 반짝임이 화려한 샹들리에 스타일 귀걸이. 너무 크지 않은 적당한 사이즈로 귀 아래로 살짝 내려오는 느낌이 우아하다.　**5** 손목의 움직임에 따라 빛깔이 달라질 골드 큐빅 팔찌.

NEAT ACCESSORIES

평소 액세서리를 매치하기가 어색하고 불편하게 느껴진다면 요란하지 않고 단정한 느낌을 주는 액세서리를 고르자. 진주는 기본 일상 차림부터 클래식한 수트까지 두루 잘 어울리는 액세서리다. 진주로 이루어진 액세서리는 일찌감치 우아함의 상징이 되었다. 골드 시계의 멋스러움은 설명이 필요 없을 정도. 요즘은 빈티지한 느낌으로 재해석한 액세서리도 인기다. 오래된 카디건에서 떨어져 나온 것만 같은 단추 모양의 귀걸이나 메탈 느낌의 팔찌도 우아하고 단정한 스타일에 의외의 감성을 얹어줄 것이다.

단아한 액세서리

1 연한 베이지 컬러가 에나멜 처리되어 은은한 광택을 낸다. 동양인의 검은 머리색에 더욱 잘 어울리는 아이템. 테두리 장식이 빈티지한 느낌을 더한다.   2 영원한 스테디셀러. 진주 가느다란 진주 라인이 여러 겹으로 엮어져 독특한 꼬임의 팔찌가 되었다. 큐빅이 반짝이는 동그란 장식이 은근한 화려함을 더해준다.   3 세 마리의 비둘기가 하늘을 나는 모습이 형상화된 목걸이. 가는 줄이 목은 길게 돋보이게 해주고 쇄골 아래로 독특한 장식이 슬쩍 떨어져 멋스럽다.   4 골드와 화이트의 조화만으로 심플하면서 우아한 느낌이 있다. 스퀘어 형태의 귀걸이는 지적인 느낌을 준다.   5 색종이를 잘라 고리를 연결해 만들었던 종이 목걸이를 생각나게 하는 재미난 팔찌. 골드와 실버, 메탈 또 광택과 무광택의 조화가 자연스럽다.   6 기본 스타일의 골드 컬러 시계는 손목에 착용하는 것만으로 신뢰감을 준다. 얇은 스트랩이 손목을 가늘어 보이게 하는 효과가 있다.   7 큰 알 진주에 스터드 테두리 장식이 된 귀걸이. 올 블랙 컬러 코디에 심플하게 잘 어울린다.

STYLENANDA_229

SKIN

탄력 있고 탱탱한 동안피부 만들기! 집에서 쉽게 할 수 있는 자연팩!

CARE

avocado

모과처럼 못생긴 아보카도. 하지만 항산화 기능에 탁월한 과일이란 말씀.
거친 건성피부에는 '아보카도'가 필요해!

1 껍질을 제거한 아보카도 속을 수저로 으깨거나 믹서로 갈아주세요.

2 으깬 아보카도를 볼에 넣어 준비한 뒤 꿀 1스푼을 넣습니다.

3 흑설탕 1스푼 넣어주세요. 스크럽 효과가 있습니다.

4 에센셜 오일을 두어 방울 넣어준 뒤 잘 섞습니다.

5 레몬주스나 레몬즙을 1스푼 넣습니다. (레몬의 비타민 C가 피부를 더욱 환하게!)

6 크림과 같은 형태가 되었다면 피부 결을 따라 얼굴에 고루 발라준 뒤 15~20분 후 미온수로 씻어주세요.

아보카도 팩

준비
아보카도, 꿀, 흑설탕, 에센셜 오일(없어도 무방),
레몬주스(또는 즙)

비타민 A와 E가 풍부하여 노화 방지에 탁월한 고마운 과일,
아보카도! 아보카도 팩은 수분이 부족해 거칠거칠한 피부에
풍부한 수분은 물론 적당한 유분까지도 공급한다.
저자극성이라 예민한 건성피부에도 부담이 없다.
푸석해지고 생기를 잃은 피부가 속상하다면
아보카도를 피부에 양보해볼 것.
자꾸 만져보고 싶은 촉촉하고 탱글탱글한 피부를
기대해도 좋다.

banana

바나나는 길어, 바나나는 맛있어, 바나나는 촉촉해!

1 바나나 1/2개를 볼에 넣고 잘게 으깨주세요.

2 우유를 걸쭉한 점성이 유지될 정도로만 부어주세요.

3 꿀을 1/2스푼 넣고 잘 저어줍니다.

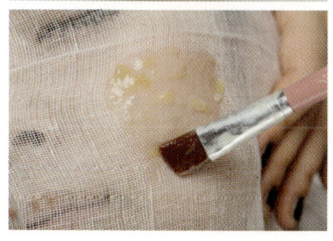

4 꿀거즈를 얼굴에 도포, 눈과 입 주변을 제외한 곳에 팩을 바른 뒤 15~20분 뒤 떼어내 세안하세요.

바나나 팩

<u>준비</u>
바나나, 우유, 꿀

다이어트의 단골 메뉴 바나나는 비타민 E가 풍부해서 노화방지, 피부탄력에 효과적이라 건성피부에도 영양을 듬뿍 보충해준다. 쉽게 구할 수 있는 과일이란 점도 매력!

blacksugar

까만 녀석이 내 얼굴을 뽀얗게 만들어준다고?

1 까무잡잡한 매력이 있는 흑설탕 준비!

2 온수 : 흑설탕 비율을 2:1로 섞은 뒤 구연산을 1/2스푼 넣어주세요.

3 잘 섞이줍니다(볼에 살짝 졸이거나 전자레인지에 2분가량 돌려주고 식혀 사용해도 좋습니다).

4 걸쭉한 시럽 형태의 팩을 얼굴에 바르고 20분 후 미우수로 씻어내세요.

흑설탕 팩

<u>준비</u>
흑설탕, 물, 구연산(항균, 미백 작용, 생략해도 좋음)

묵은 각질과 트러블 때문에 쉽게 화장이 뜬다면 흑설탕 팩이 효과적이다. 흑설탕이 스크럽 효과가 있다는 것은 이미 알려진 사실! 건조한 피부에 보습효과, 여드름 피부에는 진정효과가 탁월하다.

동안 피부
셀프 마사지

탄력 있고 탱탱한 아기 피부로 돌아갈래.

매일 매일 혈을 자극해 주름을 예방하는 톡톡톡 마사지 비법!

1 손가락으로 양 관자놀이에 작은 원을 그리며 힘 있게 마사지합니다.

2 같은 방법으로 광대뼈와 볼, 인중, 팔자주름 순서로 마사지합니다. 조금 큰 원을 그리면서 자극을 주세요.

3 뭉친 근육을 풀어주는 느낌으로 안에서 바깥 방향으로 강도 있게 자극을 주세요.

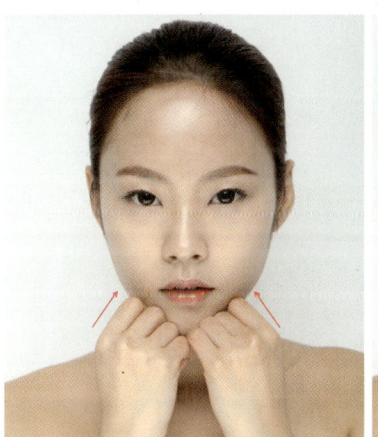

4 턱 주변을 마사지합니다. 주먹을 가볍게 쥐고 꾹 눌러가며 자극을 주어 근육을 풀어주세요.

5 다시 위쪽으로 올라가며 마사지하는데, 턱, 볼, 관자놀이 순서대로 좌우로 살짝 흔들며 자극을 주세요.

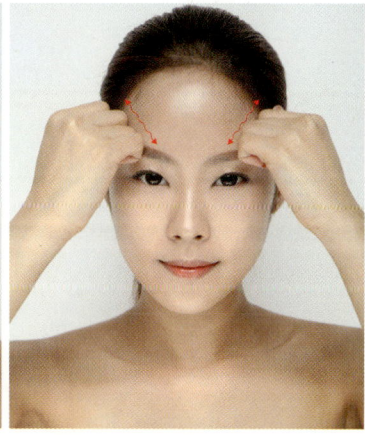

6 관자놀이에 이어 이마 중앙까지 살살 흔들며 마사지합니다.

7 여기부터는 다시 위와 같은 순서대로 손가락을 이용해 지압하듯 천천히 혈을 꾹 눌러 자극을 주겠습니다.

8 팔자주름을 펴는 기분으로 안쪽에서 바깥 방향으로 천천히 볼 가운데를 문지르며 눌러주세요.

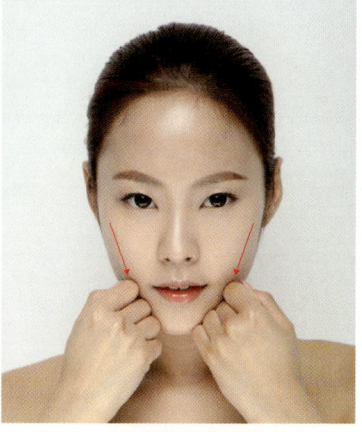

10 마지막으로 귀 아랫부분을 따라 턱으로 내려오며 얼굴 윤곽을 갸름하게 다듬는다는 생각으로 마사지하세요.

HOW TO MAKE-UP
NATURAL
&
ELEGANT

NATURAL FACE MAKE-UP

1 GEL EYE LINER #Black

크리미한 형태로 또렷하게 눈매를 연출하는 젤 타입
의 블랙 컬러 아이라이너 물이나 땀에 지워지지 않
는 워터프루프 기능이 함유되어 있습니다.

2 FULL COVER CONCEALER

촉촉하고 밀착력 있게 다크스팟과 다크서클을 커버
해주어 화사한 피부톤을 만들어줍니다.

3 HIGHLIGHT BEAM

화사하고 광채 나는 글로우 페이스와 쉬머 바디를
위한 볼륨 메이크업 하이라이터. 단품으로 사용하거
나 믹스하여 사용할 수 있는 다기능 멀티 제품.

4 APPLE TINT

촉촉하고 부드럽게 밀착되어 수줍고 생기있게 볼과
입술을 물들여주는 베이지 핑크빛의 멀티 틴트.

내추럴한 얼굴 메이크업

화장을 한 듯 안 한 듯 자연스러움을 연출하고 싶다고?
그러면 무엇보다 꼼꼼한 피부 표현이 중요하다.
잡티 하나 없는 사랑스러운 피부, 복숭아를 머금은 듯한 핑크빛 입술, 한 단계씩 쫓아가보자.

1 투명함을 위해 컨실러를 사용해 전체적으로
베이스 메이크업 해줍니다.
눈 밑 어두운 부분에 컨실러를 찍어
다크서클을 커버해주세요.

2,3 미스트를 뿌려 촉촉하게 해준 피부에
파운데이션과 하이라이트빔, 페이스오일을
2 : 2 : 1로 섞어 얼굴 전체에 펴발라줍니다.
메이크업 중간중간 미스트를 뿌려주면
윤기나는 피부를 만들 수 있습니다.

4 파우더는 브러쉬에 묻혀 가볍게 쓸어줍니다.
브러쉬를 사용하면 좀 더 투명하고 윤기
있는 피부로, 퍼프를 사용하면 커버력 있고
보송보송한 피부로 표현됩니다.
5 애플 틴트를 볼에 찍어준 뒤 재빨리
블렌딩해줍니다. 피부 속에서 우러나오는 듯한
생기 있는 볼을 만들어줄 수 있습니다.

6 아이라인은 속눈썹 사이 사이를 메워
줍니다. 이렇게만 해도 또렷한 눈매를
표현할 수 있습니다.
7 속눈썹은 컬링해준 후 마스카라로
고정해준다는 느낌으로 가볍게 발라주세요.
8 틴트를 입술 안쪽에 발라 사랑스럽고
자연스럽게 물들여줍니다.

ENEGANT MAKE-UP

1 EYE COLOR #BB Khaki

부드러우면서 밀착력 있는 베이스를 기본으로 눈가
를 아름답고 돋보이게 만들어주며 입체적으로 표현
해주는 아이 컬러.

2 GEL EYE LINER #Brown

크리미한 사용성과 물이나 땀에 지워지지 않는 워터
프루프 기능을 가진 젤타입의 아이라이너. 부드럽고
자연스러운 눈매를 위한 다크 브라운.

3 SATIN BEAM #Pink

입자가 고운 은은한 진주펄이 한 듯 안 한 듯 피부를
입체적으로 만들어주는 하이라이터.

4 LIP COLOR #303 Pink Skirt

촉촉하고 발색력이 뛰어난 립 컬러. 누디한 핑크 베
이지.

우아한 메이크업

메이크업으로도 얼마든지 고급스러움을 연출할 수 있다!
잘 차려입은 옷은 한결 돋보이게 해주는 단아한 메이크업으로 스타일을 업시켜보자.
타고난 명품 피부가 아니라도 감쪽같은 연출이 얼마든지 가능하다!

기초 제품을 꼼꼼히 발라준 뒤 얼굴 전체에 미스트를 뿌려 촉촉하게 만들어 메이크업이 잘 밀착될 수 있도록 준비시켜주세요. 눈썹은 헤어컬러에 맞춰 자연스럽게 채워줍니다.

1 BB카키의 가장 밝은 색상으로 눈두덩이 전체에 얇게 펴발라 아이홀을 밝혀줍니다.
2 2번 컬러로 쌍커풀 라인을 채워줍니다.

3 브라운 컬러의 젤라이너로 얇고 또렷한 라인을 그려줍니다. 이때 속눈썹 사이 사이까지 메워주고 눈매를 따라 눈꼬리를 살짝 빼줍니다. 브라운 컬러의 라인은 인위적이지 않고 부드러운 인상을 줍니다.

4 뷰러로 자연스러운 컬링을 만들고 마스카라를 꼼꼼히 발라줍니다. 속눈썹 뿌리부터 발라주어야 힘이 생깁니다.

5 은은한 새틴빔 하이라이터 핑크를 T존과 눈 밑, C존에 발라 얼굴에 입체감을 줍니다.
6 적당한 혈색을 주기 위해 베베핑크를 동글려 발라줍니다.

7 핑크 베이지 립스틱 303 핑크스커트를 발라 차분하면서 볼륨감 있게 마무리 합니다.

Natural
Wave
Hairstyling

바람에 찰랑이는 너의 머릿결에서 비누향이 흘어질 것만 같아.
뒤태마저 아름다워 보일 자연스러운 웨이브 헤어 연출법.

1 머리를 잘 빗질해 정돈해
줍니다.

2 빗으로 한쪽 머리를 절반으로
나눠 반대편으로 넘긴 뒤 집게
핀을 이용. 고정합니다.
안쪽 머리를 먼저 빗으로
한 번 빗어주세요.

3 달구어진 고데기로 머리를
위에서부터 쭉 펴주며
내려오다 중간에서 안쪽으로
둥글게 말아주세요.

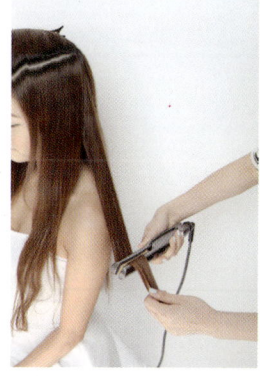

4 안쪽으로 말아준 뒤엔 바깥쪽
으로, 또 한 번 안쪽으로 웨이
브가 나오도록 반복, 고데기를
살짝 아래로 내려주는 느낌으
로 말아야 각이 지지 않고 자
연스럽습니다.

5 앞머리는 자연스럽게 컬만
살짝 나오도록 안쪽으로 크게
한 번만 살짝 말아줍니다.

6 원하는 방향으로 가르마를
만들어줍니다.

7 얇은 빗으로 앞부터 뒤쪽까지
아래에서 위 방향으로
빗어주며 전체적인 볼륨을
줍니다.

8 앞머리는 둥글게 볼륨을
살려 모양을 잡은 뒤 헤어 스프
레이를 뿌려서 고정해주고
전체에는 살짝만 뿌려주세요.

여신 강림, 향기로움까지
전해지는 내추럴 웨이브 헤어

까맣고 긴 생머리를 가진 여자가 퀸카 자리를 독차지하던 시절이 있었다. 일명 전지현 머리에 열광하며
윤기 나는 생머리가 모든 여대생은 물론 남성들의 로망이 되었던. 긴 생머리는 청순함의 상징과 같기
때문에 지금도 여전히 인기가 좋다. 하지만 역시 요즘은 자연스럽게 찰랑이는 웨이브 헤어가 대세!
머리가 길면 셀프 스타일링이 쉽다는 장점이 있다. 고데기나 헤어롤로 손쉽고 다양하게 연출할 수도
있으니 말이다. 걸 그룹 멤버들의 헤어스타일을 살펴봐도 긴 웨이브 헤어가 많은 편이다. 아무리 개성과
취향이 다양해졌다고는 해도 남자들은 역시 여성의 우아한 롱 웨이브 헤어를 가장 좋아한다.
웨이브 헤어는 정말 다양한 느낌으로 변신이 가능하다. 옷을 어떻게 입느냐에 따라 시크할 수도,
섹시할 수도, 지적으로 보일 수도 있다. 어쨌든 어깨 아래로 흐르듯 자연스럽게 떨어지는
물결 이미지는 여성을 가장 '여성스러운 상태'로 완성해준다.
청아하고 외로움을 잘 탈 것 같아 보호하고픈 여인의 모습, 어떤 남자가 반하지 않을까?

15분만 투자해도 어렵지 않은 방법으로 차분하게 완성되는 헤어.
우아하게 묶은 머리 사이로 샹들리에처럼 드리운 귀걸이 하나면
기품이 넘치는 스타일로 변신한다.

Elegant
Hairstyling

1 먼저 고데기를 이용하여 자연스럽고 굵은 웨이브를 만들어주세요.

2 얇은 빗을 이용해 가운데 가르마를 만들어줍니다.

3 앞에서부터 머리를 모아 뒤로 낮게 묶어줍니다.

4 두 가닥으로 나눠서 대충 땋듯, 끝까지 돌돌 말아주세요.

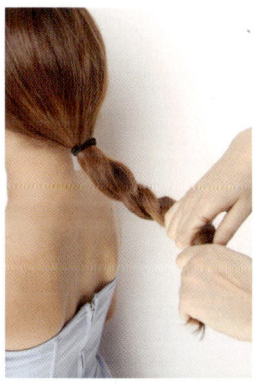

5 잔머리가 많이 나오지 않게 하기 위한 방법이랍니다.

6 끝부분이 풀리지 않도록 힘 있게 잡아준 후 뒤통수 아래쪽으로 동그랗게 말아줍니다.

7 머리끈으로 고정을 하는데, 모양이 예쁘도록 살살 매만져 주며 다듬어주세요.

8 실핀을 이용, 양 옆머리와 튀어나올 만한 잔머리를 정리해줍니다.

그의 마음을 설레게 만드는 우아한 헤어스타일

헤어스타일에 따라서 사람의 인상이 크게 좌우된다는 사실은 누구나 안다.
요즘은 살짝 잔머리가 튀어나와 부스스한 머리가 매력적인 시대고 자연스러운 게
대세라고는 하지만 엉켜 있는 폭탄 머리에 윤기가 아니라 기름기가 흐르는 머리를 예쁘다고 할
사람은 없다. 머리를 풀어 매력이 반감될 것 같으면 차라리 깔끔하게 묶는 게 좋을 것이다.
아까워 자르는 못하고 비슷한 펌만 수차례 반복해서 더 시도할 만한 스타일을 찾고 있는지?
그렇다면 자연스럽고 단정하게 머리 묶는 방법 두어 가지만 연습해두자.
머리 묶는 방법은 아마 수십 가지쯤 될 것 같다. 사과머리, 리본머리, 포니테일 등 이름도 귀여운
예쁜 갖가지 스타일이 참 많은데, 살짝 둥글려 말아 목 뒤쪽으로 내려오도록 묶은 머리는 아무래도
성숙해 보이며 우아한 느낌을 자아낸다. 단정하게 묶음 머리를 한 뒤, 턱선 옆에서 앞머리를
살짝 빼주는 센스. 마치 나도 모르게 잔머리가 나온 것처럼 사랑스럽게 연출하자.

공항패션에 대한 '스타일난다'의 생각

언젠가부터 바쁘게 수속 마치고 떠나야 하는 공항이 시상식장 포토월만큼 흥미진진해졌다.
스타들의 핫한 차림새가 연일 '공항패션'이란 이름으로 화제가 되고 있으니 말이다.
기내에서 편하게 보낼 생각을 하고 트레이닝복을 '공항패션'으로 애용하던 사람들(나를 포함한)까지도 긴장하게 되었을 것이다.
이제 공항은 패션의 한 장이 되어버렸다.
무표정하고 도도하게 공항 로비를 누비는 스타들처럼,
나도 누군가의 카메라에 담길지 모른다는 생각을 하면 잔뜩 멋을 부려야 할 것만 같다.

공항에 모이는 사람들은 출장을 떠나거나 여행을 가거나, 또 쇼핑을 가는 등 다양한 사연이 있을 것이다.
그런데 가까운 거리의 비행이라면 몰라도 적지 않은 시간 비행을 할 경우 너무 차려입을 필요는 없는 것 같다.
자주 공항을 찾는 나는 사실 공항에 갈 때 편안한 차림이 최우선이다.
무거운 트렁크를 들고 공항까지 오는 데만도 힘이 들 때가 있으니까.
여행을 자주 다니는 사람들은 기내에서는 편안함이 최고로 중요하다는 사실을 잘 안다.
기내라는 공간은 도착지에 도착하기도 전에 벌써 몸과 마음이 쉽게 지치게 한다.
할리우드 스타들만 해도 개인 목베개만큼은 꼭 챙기는 모습을 보이기도 한다.
꿀맛 같은 여행지로 떠나는 설렘을 이해하더라도 이미 마음은 여행지에 도착한 듯,
얼굴에 색조 메이크업을 하고 렌즈를 한 채 몇 시간씩 기내에서 보내는 사람들은 말리고 싶은 마음까지 든다.
스타일은 중요하다.
하지만 긴 여행을 떠날 때만큼은 렌즈를 빼고 안경을 챙겨 가자.
기내는 매우 건조하기 때문에 오랫동안 화장을 한 채 있는 비행을 하는 것보다는 화장기 없는 얼굴이 좋다.
검색대에서 통과될 정도의 작은 수분 크림 정도만 챙겨서 수시로 얼굴에 발라주자.

그래서 나는 편한 트레이닝복 차림으로 공항에 가는 것이 참 좋다.
괜히 멋있어 보이겠다고 오버해서 평상시에 안 입던 옷을 갑자기 입을 필요는 없다.
좁은 좌석에 앉아 여행 내내 불편한 자세로 꿈틀거려야 할지 모른다.
그저 '일상에서 벗어나는 즐거운 분위기'가 은근히 풍기도록 빅 머플러, 선글래스, 귀여운 헤드폰 같은 소품만으로 에지 있게!

마음만큼 몸이 가벼워야 공항패션 종결자란 타이틀도 어울린다고 생각하는 '스타일난다'의 발언이었습니다!

빈티지 예찬

나의
빈티지 편애는
사실

유난스럽다.

원래 '빈티지'는 '수확기의 포도', '포도주 숙성' 등을 의미하는 말이라고 한다.
그래서 '빈티지 와인'이라는 말 앞에 해당 연도를 붙여 쓰기도 하나 보다.
그런데 패션계에서는 이 빈티지라는 말이,
숙성된 포도주처럼 편안한 느낌을 주는 옷이라는 의미로 쓰인다.
구멍 뚫린 허름한 셔츠, 오래 입어 색이 바란 가죽 재킷, 실밥 터진 청바지……
이런 중고 의류들을 즐겨 입는 트렌드를 아우르는 말이 바로 빈티지다.
빈티지는 1990년대 말 미국 대학생들 사이에서 유행하기 시작했는데,
색이 바래고 구겨진 옷들을 자연스럽게 입고 다니기 시작하면서
그것이 어느 순간부터 인기를 끌게 되었다고 한다.
그것을 '아메리칸 빈티지 룩'이라고 한다.

한국에도 빈티지 바람이 불어서 많은 젊은이들이 빈티지로 멋을 부리고 다녔다.
2000년을 전후하셨을까? 나도 일본 구제 패션이니, 촌티 패션이니 하면서
나름 멋을 좀 부리고 다녔던 기억이 난다. 심지어 액세서리나 가방, 신발, 장신구 등도
빈티지 상품이 유행을 해서 많이들 하고 다녔던 것 같다.

물론 지금도 마찬가지다.
독특한 스타일링을 할 수 있고, 구하기도 쉽고, 멋을 부린 듯 안 부린 듯 세련된 맛이 나니
날이 갈수록 점점 더 빈티지 시장이 확대되고 발전되는 추세다.
내가 즐겨 가는 영국이나 유명한 뉴욕 거리만큼은 아니겠지만
우리나라에도 몇몇 빈티지 시장이 존재한다. 외국인들도 즐겨 찾는다는 이태원 시장에도
의류뿐 아니라 갖가지 빈티지 아이템들을 만날 수 있는 이색적인 숍이 있고,
광장시장에 가도 생명력 넘치는 기운과 숨어 있는 보물들이 넘쳐난다.
어떤 이는 광장시장이야말로 빈티지의 '리얼 트렌드'를 맛볼 수 있다고도 이야기한다.
특별한 목적이 있어 찾는 장사꾼들부터 다양한 아트를 시도하는 미대생들까지……
문을 연 시간부터 마감을 하는 시간까지 바쁘게 사람들이 붐비는 광장시장에는
갖가지 빈티지 아이템들이 즐비하다. 종종 나도 이곳에 가보곤 하는데,
의류뿐 아니라 빈티지함, 즉 잘 숙성된 포도주처럼 사람들의 귀한 손때들이 물씬 풍기는
물건들이 가득해서 그야말로 살아 숨 쉬는 듯한 시장의 느낌을 실감하게 된다.

지난 몇 년간 '스타일난다'도 유럽 빈티지 스타일에 푹 빠져 있었다고 해도 과언이 아니다.
패션을 좋아하는 사람 중 빈티지에 열광하지 않는 사람은 아마 없을 것이다.
빈티지 물건의 요즘 기성복에서 보기 힘든 디테일과 패턴은 나를 정말이지
홀릭, 홀릭하게 만든다. 오래된 패턴과 원단에서 오는 그 느낌이 좋아서 영국에 갈 때마다
벼룩시장이나 빈티지 상점들을 샅샅이 뒤지곤 한다.
특히 영국의 브릭 레인(Brick Lane)이란 구역은 내게 최고의 핫 플레이스!
한 번 발을 담근 사람은 시간이 날 때마다 그곳을 일부러 찾아 갈 정도라니,
빈티지에 한 번 홀릭한 사람들은 그야말로 '중독' 증세가 나타 날 정도인가 보다.

나도 모르게 눈물을 흘리며 읽었던, 배우에서 이제 가방 디자이너로 성공한
임상아 씨의 책에서도 역시 그녀의 빈티지 예찬에 대해 엿볼 수 있었다.
그녀가 자주 찾는다는 뉴욕 로어이스트사이드에 있는 빈티지 숍들은
빈티지를 사랑하는 사람들이라면 한 번쯤 반드시 들러보게 되는 곳이다.
다양한 컬러, 좋은 가죽으로 만들어진 특이한 디자인의 부츠들, 빈티지 드레스…… 등,
마치 보물창고에서 귀한 보물을 발견하기라도 하듯 뒤지고, 또 뒤지게 된다고.
나처럼 옷을 사랑하는 사람이라면 한 번쯤 하게 되는 경험일 것이다. 값도 비싸지 않으면서
소중한 물건들을 발견하게 되는 그 기쁨을 어떻게 말로 표현할 수 있을까.

벼룩시장이 좋아서, 낡은 상점들이 좋아서 먼 나라 투어를 떠나는 사람들도 있다.
누군가 오랜 기간 사용해 때가 묻고 혹은 낡아 빠져버린 물건에 대한 애착,
그것 때문에 지구 반대편으로 여행을 떠나다니 이상하게 느껴질지도 모르겠다.
하지만 내가 그 오래된 물건에 대한 애착을 갖기 훨씬 이전에 그 물건의 주인은
그것을 애지중지했을 것이다. 아껴 사용하고 윤을 내고 잘 세탁하여 입으며
누군가와 함께 오랜 시간을 함께했을 물건.
나는 거기에 담긴 역사 같은 것을 상상하며 빈티지에 빠져든 것인지도 모른다.

물건에는 나이를 먹어가면서 뿜어져 나오는 '간지'라는 게 있다.
사람에게서 풍기는 연륜 같은 것 말이다.
해진 원단에서는 세월이 묻어나지만 자연스럽게 물이 빠진 모습이나 올 풀림조차 멋스럽다.
가끔은 그 디자인과 독특함에 경외감까지 든다.
특히 내가 좋아하는 오버사이즈 재킷이나 재미있는 프린트가 된 티셔츠,
한국에서는 결코 구할 수 없을 것 같은 컬러의 스커트 등.
그저 이 아이들은 너무나 사랑스럽다. 패션에도 유행이 있듯,
빈티지에도 트렌드가 있어 요즘은 코트도 스커트도 재킷도, 사이즈가 루즈하면서
아래로 점점 길어지는 게 추세다.

빈티지는 앞으로도 계속
'스타일난다'에서 가장 잘 보여주고 싶은 스타일이자,
우리가 가장 잘 할 수 있는 스타일일 것이다.

이것은 지나친 자부심이라기보다는 스스로에 대한 다짐이라고 해야 옳을 것이다.
패션은 변화하지만 여전히 변하지 않는 것은 아름다움을 추구하는,
멋을 부리고 싶은 데 대한 여자들, 아니, 모든 사람들의 욕구일 것이다.
나는 그 욕구를 사랑하고 그것을 채우는 데 모든 것을 걸어보고 싶다.
언제 다시 연출해도 촌스럽지 않고, 오래 되고 손때가 묻었지만
결코 그것이 천박하거나 올드하지 않고 더욱 세련된 멋스러움을 연출할 수 있는 빈티지처럼,
스타일난다 또한 그러한 모습으로 다듬어져 나가기를 간절히 바란다.
처음부터 세련되고 멋을 알았던 사람들이 아니라,
조금씩 자신을 발견하고 스타일을 알아나가는 가장 친근하고 오래된,
그래서 편안한 친구이자 옆집 언니 같은 느낌으로 여자들 곁을 찾아갔으면 좋겠다.

그래서인지 더욱 애착이 가는 빈티지 스타일.
어색한 듯 독특한 멋을 더해주는 그 스타일에,
나는 오늘도 한껏 홀릭하고 있다.

내 생얼만큼은
남자친구에게도
절대 보여줄 수 없는 일

첫날 밤, 아내가 화장을 지우자 새 신랑이 못 알아봤다더라.
그 친구는 아이라인을 생략하곤 절대 집 밖에 나가지 않는다더라.
다크서클이 너무 심한 그녀는
피부과 시술로만 몇백만 원은 족히 날렸다더라 등……

누구나 얼굴에 한 가지 이상의 콤플렉스를 가지고 산다. 그래서 여자들 사이에 도는 숱한 이야기들
이 들리면 가끔 뜨끔할 때가 있다. 아마 백옥 같은 피부, 짙은 눈썹, 앵두 같은 입술을 타고나지 않
은 여성들에겐 특히 간이 철렁 내려앉는 이야기일 것이다. 얼굴의 산이라는 눈썹에서부터 쉽게 붓
는 눈두덩이, 자꾸 처지는 속눈썹, 얼굴을 다 덮을 것 같은 다크서클, 신경 쓰이는 광대뼈, 흐릿한
입술까지, 아침마다 화장품을 재료로 대공사가 이루어지기도 한다. 이름도 복잡한 커버 전용 화장
품은 왜 그리 종류도 많고 때론 왜 그리 비싸기까지 한지 볼멘소리를 하면서도 좋다는 제품은 어쩔
수 없이 투자하기도 한다.
물론 철두철미하게 두꺼운 화장으로 얼굴에 분장(?)하고 다니는 여자들이 때론 매력이 없게 느껴
지기도 할 것이다. 하지만 속 깊은 남자들은 부지런하게 애쓰는 그런 노력을 가상히 여겨주기도
한다.

그런데 화장이 과한 여자보다 더 속수무책인 경우가 있다. 진짜 민낯으로 거리를 활보하는 여자들
이다. 잡티 없는 피부와 자기 얼굴에 정말 자신이 있는 걸까? 당당한 자기애와 자신감도 좋다, 필요
하다. 하지만 민낯 투혼은 진정 내 피부에 대한 실례라고 생각한다. 각종 공해 물질과 자외선에 소
중한 피부를 고스란히 맡길 생각이 아니라면, 똑똑하게 커버하는 것이 지혜로운 선택이다. 자신 있
는 생얼을 드러내고 싶은 마음이야 이해하지만, 한 듯 안 한 듯 자연스러운 화장은 오히려 예의를
갖춘 듯한 느낌마저 준다는 사실, 알고는 있는지.

꿀 피부,
도자기 피부가
부럽지 않아!

나비가 와 미끄러질 듯, 윤기 나는 생얼은 어디서나 돋보인다. 색조화장을 하면 그 아름다움이 오히려 더 퇴색되게 느껴질 만큼 허여멀건 민낯이 더 순수해 보이고 어여쁜 사람들이 더러 있다.
겸손하게 부모님께서 좋은 피부를 물려주셨다고 말하는 연예인은 둘째 치고, 공백기동안 갑자기 광채 나는 피부가 되어 나타난 그 배우, 대체 어떻게 관리한 거지? 날이면 날마다 박피에다 뭐다, 비싼 관리 같은 걸 받는 게 아닐까?
온갖 시기와 질투의 말을 퍼붓고 나면 위로가 될지는 모르겠다. 피부과를 다니고 피부관리숍에 가서 마사지를 받는 등, 정기적인 관리가 이루어진다면야 우리도 지금보다 훨씬 피부가 좋아질 확률이 많아지겠지만, 바쁜 현대인에게 그게 어디 쉬운 일인가.

정말 똑똑한 여자들은 생얼을 '연출'한다는 사실을 기억하자. 생얼 연출은 그야말로 마법과 같다. 좋은 피부는 타고나는 게 맞긴 하지만, 스트레스에 쉽게 망가지거나 잦은 트러블이 생기는 피부라도 '노력'과 '정보'를 통해 얼마든지 변신할 수 있다. 요즘 수많은 '꿀 피부 연출법', '도자기 피부 만들기'와 같은 방법들이 쏟아져 나오고 있지 않나. 꿀을 바른 것처럼 윤기 흐르는 피부, 장인이 빚은 듯 우아한 광채가 흐르는 국보급 도자기처럼 우리도 매끈한 생얼을 연출할 수 있다.

자, 오늘은 귀찮아 말고 진짜 생얼 대신 '연출한 생얼'로 지나가던 사람도 뒤돌아볼지 모를 매력을 발산해보자. 마치 갓 세수를 한 후 기초화장만 살짝 하고 나온 풋풋한 모습으로 말이다.

요즘 뭐 좋은 거 먹어? 혼자만 예뻐졌네.

친구가 질투 어린 말을 건네며 내 얼굴을 찬찬히 살펴볼지도 모르겠다.
톡톡 건드려보고 싶은 생얼의 비밀. 이것이야말로 남자친구는 물론, 제일 친한 친구에게도 감추고 싶은 일급비밀이다.

STYLE NANDA

since 2004

남의 시선과 고정관념에

갇힌 당신

이제 과감하게 변신해도 좋아요!

남들과 달라 보여도 돼

얼마 전 TV에서 본 이야기이다. 영국에 사는 한 남자가 친구와 함께 여장을 하고 거리에 나갔다. 블랙 드레스에 핑크색 가발, 하이힐로 한껏 꾸며 여장을 한 것은 그들이 게이이거나 취향이 여자 같아서 그런 것은 아니다. 둘은 가장 파티에 가는 길이었다. 즐겁게 걸어가는 이들에게 갑자기 취객 둘이 시비를 걸고 폭언을 퍼부었다. 처음에는 무시하던 여장남자들은 결국 참지 못하고 이 취객들에게 펀치를 날리더니 그들을 가볍게 제압해 쓰러뜨렸다. 여장을 하긴 했지만 사실 그 둘은 격투기선수였던 것. 잘못 걸렸다. 진정한 여장남자들은 바닥에 떨어졌던 앙증맞은 핸드백을 집어 들고는 무슨 일이 있었냐는 듯 의기양양하게 파티로 향했다고 한다.

여장한 파이터에게 시비를 걸다 혼쭐이 난 취객들이 결국 난동을 부린 죄로 법정에 서기도 했다는 이 해프닝은 그냥 한 번 웃고 말 지구 반대편의 작은 소란일 뿐인데 나는 종종 이 이야기를 떠올린다.
'여장남자'라는 소재가 흥미롭게 다가오는 것이다. 우리나라에서는 절대 불가능할 것만 같은 이야기였다. 재미난 상상을 행동으로 옮길 줄 알고 자신의 스타일을 이용해 장난치며 즐기는 그들의 자유로움이 정말 부럽다. 나에게 피해가 되지만 않는다면 누군가 여장을 하든지 개다리 춤을 추든지 그들은 신경 쓰지 않을 것이다. 사회 분위기는 물론이고 그 구성원들이 타인의 시선으로부터 자유롭다는 점들은 배울 만한 것 같다. 아직도 우리 사회는 너무 경직되어 있어서 참 시시하다는 생각을 할 때가 많다. 만약 사람들 이목을 집중시키는 옷을 입거나 별난 행동을 하는 사람이 우리 동네에 나타났다면? 과연 나는 색안경 낀 눈으로 바라보지 않고 '재미있게 사는 사람이다.'라고 생각할 수 있을까? 사실 자신이 없다. 속으로 미쳤다고 욕이나 할지도 모르겠다.

우리는 타인에 대해 쉽게 판단하고 함부로 말할 때가 많다. 특히 눈에 보이는 대로 그 사람 전체를 규정짓는 경향이 강한 것 같다. 패션이나 행색에 대해서는 더욱 그렇다. 누구든 그런 경험이 있을 것이다. 지하철이나 길거리에서 내 상식으로 이해할 수 없는 옷차림을 했거나 별난 모습을 하고 지나가는 사람을 실례가 되는 줄도 모르고 뚫어져라 쳐다보며 중얼거려본 경험.

"저 사람 왜 저래? 정신이 살짝 어떻게 된 거 아니야?"

나는 못 해, 나는 안 돼
내가 어떻게 그런 옷을 입겠어?

모든 것들을 흑과 백으로 나누려는 생각이 우리들 사이에 너무 강하게 퍼져 있는 것도 같다. 우리는 너무 쉽게 '나빠, 아니야, 별로야.'라고 판단해버린다. "나름대로 스타일을 냈구나. 독특한 시도를 했다. 멋지게 보이고 싶었나 보다." 하고 칭찬해주는 건 어떨까? 그렇다면 세상이 좀 더 재미있게 보이고 즐거울 텐데. 그게 비록 내가 좋아하고 따라 하고 싶은 스타일이 아니라 해도 말이다.

툭하면 남을 이상하다고 욕하는 사람은 결국 자기 자신에 대해서도 심술궂게 굴 확률이 높다. 주변 사람들은 알아차리지도 못하거나 신경 쓰지 않을 것들에 대해서 늘 필요 이상으로 감추려 하거나 예민하게 굴기도 한다. 매일같이 자기 검열을 하며 콤플렉스에 빠져드는 식이다. 내가 남의 스타일을 쉽게 비난해보았기 때문에 누군가가 나를 판단할 것에 대해 앞서 염려하고 그 요소를 치단하고 싶어 한다.

내 종아리는
엉덩이만큼이나
두꺼워서 꼭 가려줘야 해.
내가 66사이즈를 입는다는
사실은
무덤까지 갖고 갈 비밀이야.
나는 키가 작으니까
킬 힐 위에서 내려올 생각이
전혀 없어!

슬프다. 거울 앞에 선 그녀들의 마음 속 목소리가 들려오는 것만 같다. 167cm에 48kg, 44 반 또는 55사이즈. 한동안 여자 연예인 프로필은 온통 이랬다. 나는 예쁜 여자에 대한 기준을 정형화시킨 이 사회가 문제라고 생각한다. 남자들의 생각과 시선, 고정관념도 한몫했을 것이다. 여자들은 그래서 이 덫에 더욱 힘없이 걸려들고 만다. 이 연예인 표준 사이즈에 부합하지

않으면 내 몸이 잘못됐다고 여기며 혼자만의 콤플렉스에 빠져들고 우울해하는 것이다. 1년 내내 다이어트를 하며, 시도 때도 없이 굶으며, 위장을 괴롭히며……

내가 2kg이 쪘는지 빠졌는지에 정작 타인은 관심이 없다. 제발 그 굴레에서 벗어나길 바란다. 나 혼자만 전전긍긍하고 있는 것이다. 내 안에서 만들어낸 '나홀로 콤플렉스'와 싸워서 이겨내길 바란다. 더 이상 세상의 시선을 신경 쓰면서 내 콤플렉스를 키워가지 않겠다고 선언해라! 승리의 깃발을 내 마음속 고지에 꽂길 바란다.

여기, 심한 다이어트를 하느라 친구들과 만나도 밥을 뜨는 둥 마는 둥하여 혈색이 좋지 않고 생기 없는 48kg이 있다(친구들은 그녀를 걱정해 밥을 잘 먹으라고 권하지만 정작 그녀는 그들을 다이어트의 적으로 생각할 것이다).
건강한 혈색을 갖고 있고 친구들과 만나면 식성 좋게 뭐든 잘 먹으며 통통해도 비율이 좋은 58kg이 있다(친구들은 그녀가 잘 먹는 모습을 보고 그만 좀 먹으라고 하지만 정작 그녀는 체력은 국력이라며 너스레를 떤다).

…… 나는 아무래도 후자 쪽이 훨씬 아름다운 여성인 것만 같다.

내 고정관념에서 자유로워질 것

✓ 광고에 나온 김태희를 보면서 부러워하며 '얘들은 관리를 받는 애들이니까……' 하고 생각한 적이 있다.

✓ 옆에 지나가는 예쁜 여자를 보고 "예쁜 것들은 다 죽어야 돼."라고 친구가 하는 말에 통쾌한 적이 있다.

✓ 몸매가 살짝 드러나는 원피스를 사놓고는 결국 한번 입어보지도 못하고 고이 모셔두었다.

건강미 넘치고 통통한 여자보다 핼쑥하고 가녀린 여자가 예쁘다고 믿는 생각들이 사회를 이루고 있다. 하지만 거기에 호기롭게 "No!"를 외쳐라. 이건 자존심이 상해야 할 문제다. 세상 무엇보다 소중한 나 자신이 잘못된 기준들에 신경 쓰며 스트레스 받을 이유가 무엇이냐 말이다. 키 작은 여자, 뚱뚱한 여자, 안 예쁜 여자로 보일까 봐 걱정하는 중인가? 사이즈는 문제가 되지 않는다. 굳이 스트레스를 얻겠다면, 한결같이 주변 시선을 의식하느라 더욱 가난해지고 있는 당신의 스타일을 문제로 받아들여야 할 것이다.

STYLE NANDA

since 2004

'내가 이렇게 입으면 회사 사람들이 나를 보고 웃을 거야.'라고 앞서 판단해 포기해버리지 말자. 그들은 당신의 새로운 스타일에 엄지손가락을 세워 보일지 모른다.

마음에 드는 옷을 발견했지만 "연예인들이나 입지, 나처럼 평범한 사람이 입는 옷이 아니야." 하며 내려놓았나? 이 못난 생각부터 쓰레기통에 버리자. 그 옷을 당신이 입고 지하철에 탄 날, 그 어떤 할리우드 스타보다도 아름다워 보일지는 아무도 예측할 수 없다. 운명의 상대가 말을 걸어올지도 모르지 않나.

과감해져라. 마음이 원한다면 무조건 시도해봐라. 변명을 늘어놓을 생각일랑 접어두고 당신이 원하는 인생을 살기 바란다. 그것은 나에 대해 잘 알지도 못하는 사람들의 눈치를 보느라 먹고 싶은 것, 입고 싶은 옷, 해보고 싶은 스타일링을 포기해버리는 삶이 결코 아닐 것이다. 하고 싶은 대로 모두 시도해 본 뒤 나만의 스타일을 완성하는 사람이 그 누구보다 아름답고도 당당할 확률은 당연히 높지 않을까? 당신은 그럴 가치가 충분한 사람이다.

세계적인 디자이너 '비비안 웨스트우드(Vivienne Westwood)'도 이렇게 말하지 않았던가.
"만약 인상적인 옷을 입고 있다면 당신의 삶은 좀 더 나아질 것이다."
결국 늘 그저 그런 스타일로 남의 눈치만 보고 있는 당신의 삶 또한 그저 그런 것일지 모른다는 말과도 같을 것이다. 좀 더 인상적으로, 좀 더 과감하게, 내 삶을 개척해보는 것은 어떨까?

나는 당신에게 용기를 주기 위해 이 글을 쓰고 있는 게 아니다. 당신 안에 숨어 있는 아름다움에 대한 욕구를 살며시, 건드려주고 싶은 것뿐이다.

자, 이제 큰 맘 먹고 사놓은 후 자신이 없어 입어본 적 없는 원피스를 다시 꺼내 입고 나가자. 남들 시선을 신경 쓰지 않고 당당하게 걷는다. 누군가와 눈이 마주쳐 '역시 나에게 어울리지 않나?' 하는 생각이 든다면, 재빨리 입가에 미소를 짓고 같이 눈을 맞추자. 누가 또 쳐다보면 '예쁜 건 알아가지고,'라고 생각한다. 누가 또 쳐다보면 '모두 부러워들 하는구나.' 생각하면 된다. 그 생각이 맞다. 자신의 틀을 깨고 나온 당신은 정말 아름다운 여성으로 탄생했다!

"패션은 하늘에도 있고 거리에도 있다. 패션은 인간의 관념이며 살아가는 방식이며 지금 벌어지고 있는 세상사다."

–가브리엘 샤넬 Gabrielle Chanel

"사랑하세요"

나는 살이 쪘으니까, 나는 원래 옷을 못 입으니까, 혹은 추우면 추운 대로, 더우면 더운 대로 그냥 편한 옷만 입으며 대충 살고 있지는 않은지. 그렇다면 우리는 그 '예쁜 것들'을 질투할 자격이 없는 건지도 모른다. 내가 '편함'을 추구하는 동안 그들은 계속 더 예뻐지기 위해 지금 이 시간에도 노력하는 중일 테니까.

가만히 앉아서 예뻐지길 바라는 건 반칙이다. 스타일에 자신이 없다면 잡지를 사서 보는 노력이라도 해야 한다. 지하철에서 눈에 띄게 스타일 좋은 사람을 콕 찍어 자세히 관찰하거나 인터넷 쇼핑몰에 접속해 사진에 나온 모델들의 스타일을 뜯어보는 것도 방법이다.

나는 자꾸 시도해봐야 한다고 말하고 싶다. 조금 불편하게 느껴지는 옷도 한번 입어보고 내가 절대 소화하지 못할 것 같았던 옷을 자신 없더라도 용기내서 입어보는 것이다. 누구도 나에게 가장 잘 어울리는 스타일을 나를 대신해서 찾아주지 않는다.

그리고 거기에 가장 중요한 비법 하나, 스타일링의 화룡점정(畫龍點睛)!
그건 바로 자신감이다. 〈섹스 앤 더 시티 Sex and the City〉의 작가인
캔디스 부쉬넬(Candace Bushnell)이 말했다.

"보여주려는 것 이상의 것을 얻으려면 그 전략 이면에는 반드시 '자신감'이 바탕이 되어야 한다."

상상하지 못하는 일은 절대 이루어지지 않는다.

"나는 꼭 예뻐질 거야."

이건 주문이 아니라 나 자신에게 내리는 명령이다!

머 리 부 터   발 끝 까 지
스타일난다!

STYLE NANDA

2011년 6월 13일 초판 1쇄 발행 | 2014년 11월 10일 7쇄 발행
지은이 · 김소희

발행인 · 박시형
책임편집 · 김형필

마케팅 · 권금숙, 김석원, 김명래, 최민화, 정영훈
경영지원 · 김상현, 이연정, 이윤하, 김현우
펴낸곳 · (주) 쌤앤파커스 | 임프린트 · 스프링
출판신고 · 2006년 9월 25일 제406-2012-000063호
주소 · 경기도 파주시 회동길 174 파주출판도시
전화 · 031-960-4800 | 팩스 · 031-960-4806 | 이메일 · info@smpk.kr

ⓒ 김소희(저작권자와 맺은 특약에 따라 검인을 생략합니다)
ISBN 978-89-6570-015-9 (13590)

스프링은 (주)쌤앤파커스의 실용부문 임프린트입니다.
스프링은 당신의 가슴에 봄꽃처럼 책이 만개하고 아름다운 지식의 향기가 배어 나는 날까지, 참신하고
생명력 있는 콘텐츠를 만들기 위해 눈과 귀와 마음을 열겠습니다. | 원고투고 book@smpk.kr